わかりやすい
ロボットシステム入門

メカニズムから制御，システムまで

改訂**3**版

松日楽 信人・大明 準治 共著

Ohmsha

はじめに

　ロボットは創造力を高めるのに優れた題材だと思う．…をするロボットを考えることから始まり，その設計，機構，制御，実験まですべての要素が含まれている．特に最初の…をするロボットの定義，あるいは仕様を決めることが最も重要である．それに対する解答はもちろん一つではない．そして動くものを作る楽しさが，ロボットの魅力といってよいだろう．まだまだ鉄腕アトムのような知能ロボットは実現できないが，着実に少しずつ進歩している．

　このような背景から本書では，ロボットを動かすにはどうすればよいのか，ロボットの構成から制御方法までを具体的に解説する．制御するためには制御対象がどのような構造で，どのような部品からなり，どのように使われるのか，知らなければならない．本書ではロボットに対する素朴な疑問に答えるように次のような構成で書かれている．専門書ではなく入門書としてロボット技術について，ロボットを設計して動かすまでを一貫した構成でわかりやすく解説した．ロボットはシステムであり，非常に多くの知識から成り立っている．しかし，それらはロボットを構成するために一つのシナリオにより，個々の知識には位置づけがあり，多くの技術が組み込まれているのである．本書によりロボットの設計・機構・制御のシナリオが理解できれば，読者は必要に応じて専門書で知識を補って欲しい．

- ●ロボットはどのような目的で使われているのだろうか？
- ●ロボットにはどのような形のものがあるのだろうか？
- ●ロボットの関節はどのような構造で，どのような部品からなっているのだろうか？
- ●ロボットにはたくさんの関節やモータがある，どのように制御すれば動くのだろうか？
- ●ロボットに仕事をさせるには，どのように指令すればよいのだろうか？
- ●ロボットはこれからどんなことに応用されるのだろうか？

　今まで，ロボットについて勉強する本はいくつかあったと思うが，ロボットをシステムシナリオという視点から解説した本はなかったように感じている．本書がその一助となれば幸いである．

　なお，本書は松日楽が湘南工科大学電気工学科 3 年生を対象に 1998 年後期から「メカトロニクス」（ロボット工学入門）の授業として講義した内容をまとめ直し，制御系については大明が書き直したものである．本書を執筆しながら，ロボティクスは本当に広い範囲に及んでいることを改めて実感した．

　最後に，本書をまとめるに当たり㈱東芝小向工場主幹飯倉省一氏には本書を書くきっかけを与えていただいた．また，本書には㈱東芝研究開発センターで開発された多くのロボットを写真で紹介してある．諸先輩・同僚達の貴重な研究成果である．さらに，東京工業大学教授広瀬茂男氏，早稲田大学教授菅野重樹氏，本田技研工業㈱，ソニー㈱からは興味深いロボットの写真を提供していただいた．これらにより内容が充実したことは言うまでもない．このほかに，㈱オーム社出版部の方々には大変お世話になった．ここに心より感謝する次第である．

　1999 年 10 月

松日楽信人

大 明 準 治

第2版にあたり

　第1版最終稿を仕上げている最中に，原子力施設事故が発生した．翌年はミレニアムということで忘れられない時期であった．元々，筆者の覚書として書いたつもりの拙本であったが，意外にも大学の先生方が教科書に使って下さった．10年も継続していることが，全くの想定外である．当初から，皆様のご指摘を受けたくさんの修正を加えてきた．研究論文と違って，本当に気をつかう作業が多く，感謝に絶えることがない．もちろん，今でも覚書の位置付けであるので，その点はご理解頂きたい．

　さて，第2版では，執筆後10年経ったことから，技術動向や市場について見直した．新しいロボットが次々と研究開発されていること，市場も変化が激しいことに，改めて気付かされた．個々の技術は進歩していくが，何をするためのロボット/機械か，そのための仕様は何か，は変わることのない基本である．10章に追加した経済産業省のロボット開発ロードマップを見ると，万博，共通基盤，要素技術，知能化，生活支援と，開発フェーズに従い施策が進められていることが良くわかる．こういった施策がこれまで説明してきた技術開発の大きな支えとなっていることは明白である．また，この本が，この発展の時期に少しでも貢献できていれば，大変な幸いである．第1版では1ページしかなかった10章では，これから重要となる技術などを著者の判断で書かせて頂いた．まさに，ここを書けたのが自分の10年に相当する部分であった．次々の10年の度にロボット技術が広がっていくことを信じてやまない．

　最後に，総合科学技術会議科学技術連携施策群にて次世代ロボットを考える貴重な機会を与えて頂いた故首都大学東京谷江和雄教授に第2版を捧げたい．

平成22年6月

松日楽　信人

　この 10 年で，次世代ロボットのコンセプトやプラットフォーム作りが前進し，ロボットに使える要素技術は大きく進歩した．また，ロボットコンテストが多く行われ，ロボット教材も増えて，人材育成の面からも，ロボットの研究開発の厚みがかなり増してきた．しかしながら，外野から見ている方々には，身の回りで役に立つロボットがいっこうに出てこない，という印象が強いだろう．現在のロボット研究開発は，人間と同じことをやらせようとするのが主流であるが，単純な作業や動作しかできないのが実情である．それが，長い目で見て必要な研究開発であることは間違いないが，今一番求められているのは，現在使える要素技術で作れて，かつ，役に立つロボットをいかに定義するか？　ということであろう．それには，1 にアイディア，2 にアイディア，3，4 がなくて，5 にシステムインテグレーションのセンスである．例えば，現在，実用化が進みつつあるロボットは，自律ではなくて，人間をアシストするものであったり，人間型とは全く別のロボットであったりする．

　さて，システムとしてのロボットは，要素技術の研究開発のプラットフォームに非常に適している．若い方々には，まず，要素技術の研究開発を徹底的に深耕してもらいたい．ロボットコンテストは趣味程度にして，本業は数学（数理）や物理（力学）など，新しい理論や数式モデルを作れるようになるための基礎を固めてもらいたい．最初のうちは，昼は数式の方のモデル作り，夜はロボットの方のモデル作り，というのが望ましい姿である．そして，専門性を高め，要素技術を極めてから，思いっきりアイディアを出してロボットシステムの研究開発に邁進して欲しい．その際，ロボットの形にこだわる必要は全くないのである．

　20 世紀から 21 世紀にかけてハードウェアは，ものすごく進歩した．もちろん，ソフトウェア（アルゴリズム）も進歩したのだが，それは，昔，リアルタイムでは不可能と考えられていたアルゴリズムが昨今の CPU パワーやメモリ容量によって実現可能になったケースが多いのではないかと思われる．すなわち，新しいアルゴリズムの実現には，故きを温ねることにもヒントがありそうである．分野を問わず，様々な文献や Web の情報にあたって頂きたい．

平成 22 年 6 月

大明　準治

第3版にあたり

　初版から20年，第2版から10年，と予想外の早さで時間が過ぎた．とくにこの10年では，ROS（Robot Operating System）の普及，ドローン，自動運転自動車，ディープラーニング，AIが急速に進歩し，実用化も一気に進んだ．しかし，いまだ身近なところで動いているのは家庭用クリーナロボットぐらいであろうか？　アシスト系も着実に広がりつつあるが，すぐ周りには見当たらない．人手不足に向けたロボット化の適用や，2020年のオリンピック，パラリンピックに向けて，空港での応用やビルなどでのショーケース化が進んでいる．2018年はWorld Robot Summit（WRS）が2020年のプレ大会として大々的に実施された．現時点ではロボットへの期待はピークに達しているかのようである．

　幸いにも筆者らは，いまだロボット研究開発の中にいる．産業用ロボットの国内市場も以前からの目標であった1兆円を目前にしている．ドローンや自動運転車がロボットだとしたら，大変大きな市場になったともいえる．世の中はさらに，IoT，Industry 4.0，Society 5.0，SDGsなどと，相変わらず数多くのキーワードが展開されている．システム化では第5世代移動通信システム（5G）の普及で，さらに進むと考えられる．明らかに，ロボットも大きなシステムの中での要素としての進歩，システムの中への組み込みがより進むと予想される．次の10年の際には，どこまで進んでいるか，大変興味深い．

　自分の経験をまとめたこの本を書いて，予想外に教科書として使われていることに驚いたが，大変ありがたいことである．とくにこの本は，普遍の部分と，進歩の部分，市場変化の部分があり，その都度，改訂版で修正されつつ進歩している．あまりこのような成長する本とも言えるものは聞いたことがない．できれば，今後も継続できたらと願いたい．さて，第3版では，市場変化，普及した測域センサ，IoT，AIなどについても追記した．必ずしも筆者らが実施した内容ではないので，私見的な記述もあることをご容赦願いたい．また，ロボットの状況変化の記述などはあえて比較のために残した．この第3版が旧版に続き若いロボット研究者，教育者の参考になることを期待したい．

令和元年12月

松日楽　信人

第2版から，さらに10年が経過した．基本は変えていないが，第6，8章で，少しアドバンストな制御を追加した．著者が考案し検証した内容も含んでいる．

さて，世はAIブームであり，ロボットも同じ文脈で語られることが多くなった．技術的には，人間が逐一教示点を与えるのではない，深層学習による自律的な動作の獲得が進みつつある．第2版で「新しいアルゴリズムの実現には故きを温ねよ」と書いたが，多層ニューラルネットの見直しと近年のCPUパワーやメモリ容量の進歩でもたらされた深層学習は温故知新の好例ではないだろうか．

また，ロボットコンテストの方も，ますます盛んになり，その代表格である高専ロボコンでは，あっと驚く戦略や技術の応酬がなされている．特に上位に入るチームは，見た目に器用なもの作りだけではなく，計算機上に構築したモデルに基づくシミュレーションによって再現性のある戦略を練っているように見受けられる．これも第2版でふれたことだが，数理や力学を駆使して，新しい理論や数式モデルを作れるようになるための基礎ができている，との印象を持った．

AIの時代になっても，AIがロボットシステムを作ってくれるわけではない．サイバーフィジカルシステム（CPS）という概念も流行り出したが，フィジカルの部分は人間が作り出すことに変わりはないのである．これから，ますます計算機パワーの援用が多くはなろうが，ロボットの機構・制御・情報に関する要素やシステム構築に関する技術を身につける重要性は変わらない．ただし，PythonやROS（Robot Operating System）のようなオープンソースの時代になり，他の人が作ったオブジェクト指向のライブラリを解釈・流用してロボットシステムを構築する素養が求められるようになった．これは，高度な機能を持つシステム構築への近道であると同時に，自分で好き勝手に考えるシステム構築とは別な苦労を生むことを覚悟する必要がある．それを乗り越えて，技術力に自信がついたら，是非，その成果をオープンソースのコミュニティへ還元してもらいたい．

従来，ハードでもソフトでもクローズドな戦略をとってきた産業用ロボットメーカも，オープン化の波を無視できなくなってきている．各メーカの技術の動向を知るには，特許を読むのが一番であり，特許庁のWebサイトを折に触れ参照することをお勧めする．

令和元年12月

大明　準治

目　　　次

5章　ロボットのアクチュエータ

6章　ロボット関節のフィードバック制御

9 章　ロボットの知能化―自律制御と遠隔操作―

10 章　ロボットの課題と将来

リフレッシュ

1章 ロボットとメカトロニクス

　ロボットという言葉は新聞，雑誌，テレビなどからよく耳にする．しかし，ロボットとは何を指しているのだろうか？　ロボットとメカトロニクスとは何が違うのだろうか？　また，ロボットといっても身の回りのどこにいるのだろうか？本章ではロボットの現状について紹介したい．

1-1 ロボットとメカトロニクスの関係は

　現在，ほとんどの電気製品にマイコンが使われているように，最近の機械は**図1・1**に示すようにコンピュータ制御され，以前と比べるときめ細かな制御が可能となっている．扇風機ですら風の強弱から首の振り方まで自由自在に制御できるようになっており，人が快適と感じる運転パターンをプログラムすることができる．また，CPUを含め計算機の周辺装置も普及し，簡単に制御系が構成できるようになった．このような機器は**メカトロニクス機器**といわれ，**図1・2**に示すように多くの機器が開発されている．その基本となるのが，**フィードバック制御**

◆ **図1・1** メカトロニクスの基本 ◆

リフレッシュ1　メカトロニクスの語源

　メカトロニクス（Mechatronics）はメカニクス（Mechanics）とエレクトロニクス（Electronics）を組み合わせた日本で生まれた造語であり，現在世界中で使われている．その意味するところは，「**メカトロニクスとは，機械と電子の一体化技術のことであり，単に結合するだけでなく，互いに融合し，互いの長所を生かし，影響し合いながら最適化を図ること」**[1]である．

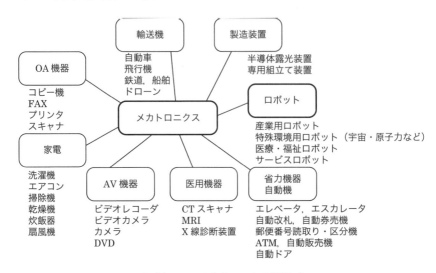

◆ **図 1・2　メカトロニクス機器** ◆

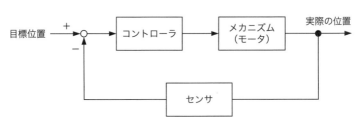

◆ **図 1・3　フィードバック制御の基本概念** ◆

である．メカトロニクスにおけるフィードバック制御は**図 1・3**に示すようにモータを駆動し，指令値に追従させるための最も基本的な制御である．メカトロニクスの発展のおかげで，センサ，モータの高性能化が進み，CPU の性能向上，開発環境も整備されたことから，より高度な制御系が実現できるようになった．

ここで，ロボットはモータなどの駆動源である**アクチュエータ**，センサ，CPU を用いたメカトロニクス技術の 1 つであり，以下の点で一般のメカトロニクス機器とは区別されると考えている．特に，高度あるいは先端メカトロニクスのイメージが強い．

● 汎用性が高い

● 多関節の構造である

- ●装置の外で仕事をする
- ●人間の代わりに働く
- ●人間の手や腕のように人間（生物）に似た形をしている

1-2　ロボットの定義

ロボットには，次のようにいろいろな定義がある[2),3)]．

- ●知的な機械，柔らかい機械，人間類似機械
- ●感覚器（Sensor）と効果器（Effector）があり，頭脳（Brain）で判断して，環境に適応できる行動をとる機械
- ●生体の運動部の機能に類似した柔軟な動作をする運動機能と感覚，認識，判断，適応，学習などの知的機能を備え，人間の要求に応じて作業する機械

産業応用以外にいろいろなロボットが開発されるようになり，次のように集約されつつある．

経済産業省のロボット政策研究会では，「センサ，知能・制御系，駆動系の3

リフレッシュ 2　ロボットの語源とロボット工学の 3 原則

ロボット（Robot）はチェコの戯曲「ロッサム万能ロボット会社 R.U.R」（カレル・チャペック，1921 年）で人造人間を表す Robota が語源．人間を労働から解放するためのロボットが人間に対して反逆を抱くという内容には，今さらながらその先見性に驚く．

また，「われはロボット」（アイザック・アシモフ，1950 年）には，ロボット工学の 3 原則が示されている．将来のロボットを想像して意味をよく考えてみよう．

ロボット工学の 3 原則

- ●第 1 条：ロボットは，人間に危害を加えてはならない．また，人間に危害が及ぶのを見逃してはならない．
- ●第 2 条：ロボットは，人間から与えられた命令に服従しなければならない．ただし，与えられた命令が第 1 条に反する場合はこの限りではない．
- ●第 3 条：ロボットは，第 1 条および第 2 条に反しない限り，自身を守らなければならない．

つの要素技術を有する，知能化した機械システム」と広く定義しており[4]，特許庁では次のようにロボットの定義を拡張している[5]．

- マニピュレーション機能を有する機械
- 移動機能を持ち，自ら外部情報を取得し，自己の行動を決定する機能を有する機械
- コミュニケーション機能を持ち，自ら外部情報を取得して自己の行動を決定し行動する機能を有する機械

参考までに，産業用ロボットは次のように定義されている．

「自動制御によるマニピュレーション機能または移動機能を持ち，各種の作業をプログラムによって実行でき，産業に使用できる機械」（JIS B 0134 より）

1-3　ロボットはシステム技術である

ロボットは**図 1・4** に示すように非常に多くの専門分野から成り立っている．例えば，電子工学，情報工学，機械工学，制御工学，電気工学，人間工学，情報科学，その他最近では，ロボットに感情を持たせる研究や，社会行動学などにも言及されるようになった．したがって，ロボットはシステム的に考えることが重要である．また，その要素技術はロボットのイメージをしっかり持ったうえで研

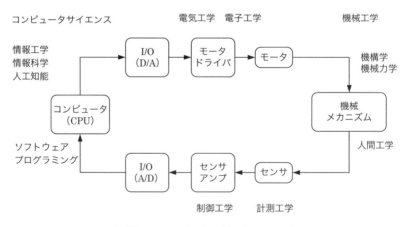

◆　**図 1・4**　ロボット工学はシステム　◆

究する必要がある．ロボット用アクチュエータの研究をするにしても，どんな仕事をするロボットのアクチュエータかで，サイズや性能は変わるからである．

1-4　ロボットはどこに適用されているのか

　ロボットを応用する対象分野で分類してみると，大きく工場内生産ライン用のいわゆる**産業用ロボット**，宇宙，原子力など特殊環境下での保守作業を行う**特殊環境下用ロボット**，工場外で作業する**社会支援用ロボット**（**サービスロボット**ともいわれる）の３つに分類できる．これまでは，工場内の産業用ロボット，人間が近づけないような特殊環境下用のロボットを中心に開発されてきた．**宇宙ロボット**の開発では技術試験衛星Ⅶ型「きく７号」（ETS-Ⅶ），愛称「おりひめ・ひこぼし」の宇宙ロボット実験（1997年），スペースシャトルのロボットアームによる衛星捕獲（1996年），火星探査の小形ローバー（1997年）などが新聞などに大きく取り上げられた[6]~[8]．また，2009年からは国際宇宙ステーション「きぼう」で日本のロボットアームが活躍している．この他にも大変な話題となったが，2003年に打ち上げられ小惑星「イトカワ」から砂を採取して2010年に帰還した小惑星探査機「はやぶさ」[9]，2019年に小惑星「リュウグウ」に着陸した「はやぶさ2」も宇宙ロボットといえる．しかし，これからは，もっと身近なロボットとして工場の外で働くロボット，特に医療・福祉分野へのロボット応用に期待が大きい．社会支援用のロボットで，病院内を移動しカルテなどを運ぶロボット，配電線工事用のロボット，ビル清掃・警備ロボットなどがすでに開発されている[10],[11]．特に，手術支援ロボットは世界で4 500台以上普及しているものもある．以下に分類，目的，課題を整理する．

- ●産業用ロボット：おもに工場内
  - …生産性向上，熟練技能；多品種少量生産に対するフレキシビリティ
- ●特殊環境下用ロボット：宇宙，原子力，深海など
  - …人間が行けない場所での作業；安全性，信頼性，耐環境性
- ●社会支援用ロボット：一般社会，ホーム，医療・福祉，農業など
  - …人間のそばで動く；人間に対する安全性，自立性

1-5　ロボットの現状は

　1997年にヒューマノイドロボットが開発され，その後，米国で開催された「ロボティクスチャレンジ」コンテストなどを経て，ヒューマノイドロボットの性能も格段に向上したが，いまだ実用化には遠い．一方で4脚ロボットは高速高出力のアクチュエータと高速な演算によりダイナミックな歩行や画像処理，周囲環境の3D距離計測センサなどの実装が可能となり，移動性能が上がった．また，ドローンは空の産業革命と言われるほど，急速に進歩し，災害現場での状況確認，物流分野での人手不足などから，そのニーズが高まり実用化が進んでいる．自動運転に関しても，一部では実用化が始まっている．ドローンや自動運転自動車をロボットに入れるかは議論の余地があるが，ロボット技術と考えて良いだろう．コミュニケーションロボットにおいてもITやAIと連携し，その普及が始まろうとしている．高齢化，人手不足，災害対応，SDGs（持続可能な開発目標）といった社会の持続性の観点から，ロボットに寄せられる期待がますます大きくなっている．産業用ロボット，特殊環境下ロボット以外はなかなか実用化が進まないといわれて来たが，研究ばかりでなく，ロボットの要素技術が育ってきたことからようやく，応用ができるようになってきた．しかし，技術的には未だ人がやっている作業をロボットに教示することはできていない．

　次に，**図1・5**に産業用ロボットの国内市場推移について示す．1980年は**産業用ロボット元年**と呼ばれ，メンテナンス性，制御性の観点からアクチュエータが油圧から電動モータに置き換わり，以降，自動車産業を中心に多数のロボットメーカが参入した．また，工場の生産ラインは多品種少量生産から近年では少量多品種生産に対応できる**セル生産方式**に変わった．一方，愛・地球博が開催された2005年は**サービスロボット元年**とも呼ばれ，愛・地球博の会場では約100台のサービスロボットが展示された．この間，日本経済は，バブル崩壊，リーマンショックなどで生産額や製造会社数が減少してきたが，ロボットも社会情勢により，同様の影響を受けている．2006年度で7 303億円の生産額はリーマンショック不況で2013年度には2 882億円まで落ち込んだ．その後，2018年度は過

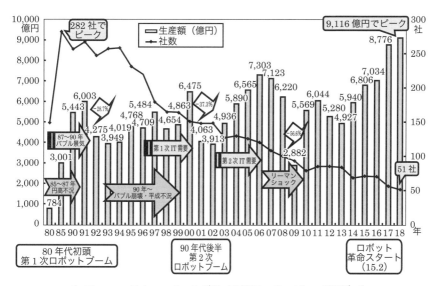

◆ **図 1・5** 日本のロボット産業（産業用ロボット）の推移[12] ◆

去最高の生産額で 9 116 億円となった．なお，図 1・5 の統計ではサービスロボットは含まれていないが，クリーナロボット，コミュニケーションロボット，医療・福祉ロボットは少しずつ市場化が進んできた．

とくに 2025 年には，わが国の総人口に占める 65 歳以上の人口の割合である高齢化率は 30% を越え，2065 年では 2.6 人に一人が 65 歳以上と予想されている．世界でも韓国，シンガポール，中国，ドイツ，フランス，イギリスなどで日本より 10 年程度の遅れで高齢化が進んでいる．このため，ロボットも含めて高齢化への対応は急務と言える[13]．そのような分野にはロボット技術が大きく期待されているのである[14],[15]．

図 1・6 のヒューマンフレンドリーロボット[16] は 1997 年に人間と共存するための「見る」，「聞く」，「触る」技術をコンセプトとして発表されたロボットの例である．その後，いろいろなサービスロボットが開発され，歩行をアシストするロボット，レストランで食事を運ぶロボット，リハビリ用に体操の見本をするロボットなどが実用化された．共存技術は産業用ロボットの分野でも**協働ロボット**として，ますます重要となってくる．

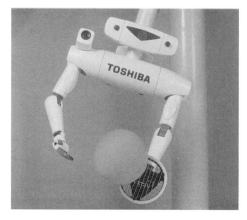

◆　**図1・6　人とビーチバレーをするロボット（ヒューマンフレンドリーロボット）**　◆

トライアル　1

1・1　身近なメカトロニクスについて調べてみよう.

1・2　どんなロボットが実用化されているか調べてみよう.

1・3　ロボットを自分なりに定義してみよう.

1・4　ロボットの関節はどのような部品から成っているか考えてみよう.

1・5　ロボットが人とビーチバレーをするためには何が必要で，どんな手順で行っているか考えてみよう.

1・6　**図1・7** に 2007 年と 2017 年の世界の産業用ロボット稼働台数をそれぞれ示す.日本の位置づけについて考えてみよう.

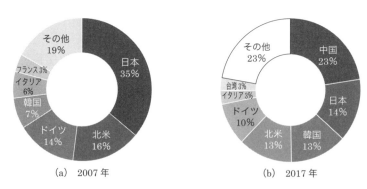

（a）　2007 年　　　　　　　　　（b）　2017 年

◆　**図1・7　世界で稼働している産業用ロボットのシェア**[17)]　◆

2章 ロボットの形

　ロボットの形は千差万別であるが，ここでは形からロボットを分類してみよう．大きく人間形，生物形，専用機械と分けることができる．特に産業用ロボットは人間の腕を機械化したものであり，**ロボットアーム**，**マニピュレータ**と呼ばれ，これには多くの機構がある．

2-1　ロボットはどんな形をしているのか

　ロボットアームの形態は，**図2·1**に示すように**直交座標形**，**円筒座標形**，**極座標形**，一般的な**多関節形**，**水平多関節形**に分類され，それぞれに特徴がある．ここで，水平多関節形は**スカラ形ロボット**（**スカラロボット**ともいわれる）と呼ばれ，日本で開発されたものである．関節の回転軸が垂直方向となっているために，水平方向にはコンプライアンスが大きく（柔らかい），垂直方向には堅いので，特に垂直方向の組立作業に適した構造である．なお，**コンプライアンス**とは剛性の逆数であり，柔らかさを表す物理量である．

リフレッシュ3　マニピュレータ

　マニピュレータあるいはマニプレータというが，これはなかなかいいづらい言葉である．技術者でもマニュピレータなんて呼ぶ人がいるくらいである．辞書によると以下のとおりであり，操作する腕と解釈すべきで，ここではロボットマニピュレータを意味する．

　　Manipulate: ma·nip·u·late【他動詞】
　　　vt. 巧みに扱う，操縦〔操作〕する；小細工を弄（ろう）する；操る．
　　Manipulator: ma·nip·u·la·tor【名詞】n. 操る人，操縦者

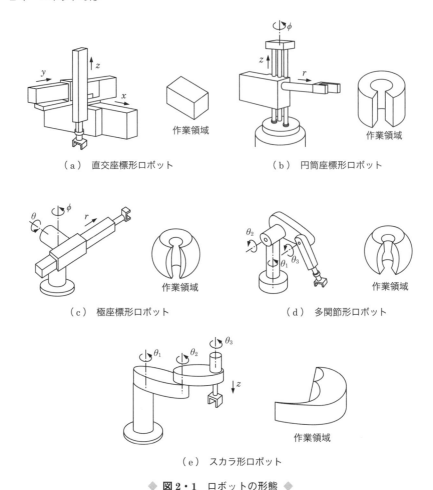

（a）　直交座標形ロボット　　　　　（b）　円筒座標形ロボット

（c）　極座標形ロボット　　　　　（d）　多関節形ロボット

（e）　スカラ形ロボット

◆ **図 2・1**　ロボットの形態 ◆
（文献[1] に（e）を追加した）

リフレッシュ4　スカラ形ロボット

　スカラ形ロボット（SCARA: Selective Compliance Assembly Robot Arm）
は，山梨大学の牧野洋名誉教授が中心となったグループで開発されたものである．
構造が簡単で，組立作業には世界中で多数用いられている．なお，スカラロボット
は 2006 年に米国カーネギーメロン大学のロボット殿堂入りを果たしている．

　また，これらのロボットの多くは関節が順番につながった構造（**開ループ構造**）であるが，1つのエンドプレート（手先効果器）を複数のアームで支持した構造（**閉ループ構造**）もあり，**パラレルメカニズム**と呼ばれる（**図2・2**）．パラレル構造では，剛性が高い，高速で動く，反面，動作範囲が狭い，という特徴がある．航空機のフライトシミュレータやアミューズメント機器に応用されている．

　このほかに，アクチュエータ（モータと同意）に直接駆動方式のダイレクトドライブ（DD）モータを使用した高速動作向きの**DDロボット**もある．

　一方，生物形ロボットは研究用に多く，4足形，6足形，多足形の移動ロボットの研究がある．ヘビや象の鼻のような動きをする**超多関節アーム**もある．配管内を移動するロボットには，インチワーム方式（尺取虫方式）を取り入れたものが開発されている[2]．車輪方式に比べて小形化が可能で，牽引力が大きいという長所がある．

　人間形では2足2腕形の**ヒューマノイドロボット（人間形ロボット）**が1996年に発表され大変な話題となった．**図2・3**にはその後発表されたASIMOを示す．国のプロジェクトになって以降も，ヒューマノイドの研究は進んでいる[3),4)]．

　ロボットの形態はこのようにいろいろ考えられるが，何の作業に使われるのか

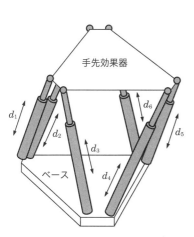

◈ **図2・2**　パラレルメカニズム[5] ◈

◈ **図2・3**　ヒューマノイドロボット ASIMO ◈
（写真提供：本田技研工業（株））

◈ **表2・1　ロボットの形態と特徴** ◈
（ここでは，機構的な特徴から分類してみた）

形態	特徴
直交座標形	座標変換が簡単（作業座標-関節座標），大きい ガントリーロボット（門形ロボット）
円筒座標形	根元がコンパクトで剛性が高い バーサトラン（初期（1962）の産業用ロボット） グラインダロボット
極座標形	座標変換が簡単でコンパクト ユニメート（初期（1962）の産業用ロボット）
多関節形	スマートな形状 トラルファー（初期（1966）の産業用ロボット） ピューマ形ロボット，人間形ロボット
リンク形	アーム部が軽量，機構はやや複雑 パレタイジングロボット（平行リンク）
スカラ形	水平方向の剛性が低く，組立作業向き スカラ形ロボット
DD（ダイレクトドライブ）形	減速機を使わない，低速高トルクモータ 低摩擦，重い，スカラ形ロボットで市販
パラレル形	パラレルリンク（閉ループリンク） 高速，高精度，高出力だが動作範囲は狭い 航空機シミュレータ，工作機械
超多関節形	冗長関節を持ち障害物を避けられる，6自由度以上 可搬重量（ペイロード）が小さい，象の鼻形ロボット

◈ **図2・4　多関節点検ロボット**[6] ◈

によって最適な形態がある（**表 2・1**）．例えば，**図 2・4** の象の鼻形のロボットは，プラント内の配管を避けながら異常がないか内部を点検するロボットである．関節数が多いので障害物を避けながら奥の方へ進入できるが，逆に自分の関節の重量を支えるためにほとんどのモータトルクを使っているので，カメラ程度しか持てない．

2-2 ロボットに必要な関節数は

　ロボットの形は何をするかで決まるが，一般に 6 自由度あれば空間上任意の位置・姿勢を取ることができる．**6 自由度**とは，**図 2・5** に示すように X, Y, Z 軸方向の位置 3 自由度とその軸回りの姿勢 3 自由度である．自由度数は関節数とほぼ同じ意味であるから 6 関節のロボットアームが必要である．また，関節には回転軸や直動軸を有することから **6 軸ロボット**ともいわれる．

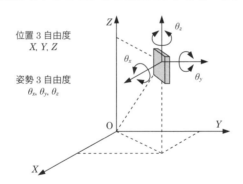

位置 3 自由度
X, Y, Z

姿勢 3 自由度
$\theta_x, \theta_y, \theta_z$

◆ **図 2・5　物体の位置決めに必要な自由度** ◆

例　題　ロボットの形の決め方：ここで，ロボットの自由度，サイズはどのように決まるのだろうか？　考えてみよう．例えば，**図 2・6**(a) にあるように，テーブルの上にあるブロックを点 A から点 B へ動かすためのロボットアームを設計するとしよう．このとき，ロボットアームはそのベースを点 O に置くものとする．ブロックは点 A から点 B に位置 (X, Y) が変わり，さらにブロックの姿勢（方向）も変わっている．すなわち，基本的には 3 自由度の動作が必要であることがわかる．当然，ブロックをつかむためにハンド（グリッパー）が必要であることはいうまでもない．また，最も遠い点 A に届かなければならないので，アームの長さ（リンク長）が決まる．さらには関

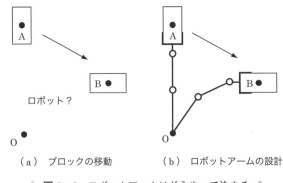

（ａ）　ブロックの移動　　　　（ｂ）　ロボットアームの設計

◆　**図 2・6**　ロボットアームはどうやって決まる　◆

節の動作範囲も決まるのである．その次に，ブロックの質量，移動速度などから関節トルクが決まり，モータなどが決まる．このプロセスは図 3・16（後掲）に示した．このようにして決まったロボットアームの一例を図 2・6（ｂ）に示す．

2-3　ロボットと専用機械の違いは何か

　ロボットと専用機械や自動機械の違いを考えてみよう．設計時，ロボットにするか専用機械にするかは目的による．例えば，ピアノを弾くのに人間の手のように 5 本の指を持たせるのがよいか，それに合わせた形の指にするか，これは設計の分かれ目である．**図 2・7** に示すように人間の形にすれば，人間がどのように指を動かして弾いているかが解明できるし，指の動かし方を変えることにより他の機械も扱うことができるかも知れない．また，専用機としてピアノ自動演奏機のように弦を叩く機構を取り付ければ，比較的簡単に安く自動機械が実現できる

◆　**表 2・2**　ピアノ演奏ロボットとピアノ自動演奏機　◆

	ピアノ演奏ロボット	ピアノ自動演奏機
形	人間形	自動機械
動　作	非効率的（複雑）	効率的（単純）
価　格	高い	安い
汎用性	汎用性あり	汎用性なし
目　的	汎用化，人間の研究	専用機械，作業能率向上

◆　**図2・7　ピアノ演奏ロボット WABOT-2[7)]**　◆
（写真提供：早稲田大学　菅野重樹教授）

が，ピアノにしか適用できないだろう．何をしたいのか，目的をはっきりさせる
ことが重要である．

トライアル　2

2・1　ロボットの形を図解すると構造がわかりやすくなる．例えば，図2・1(c)で
極座標形のロボットを示すと**図2・8**のようになる．他のロボットを同様に図解
してみよう．

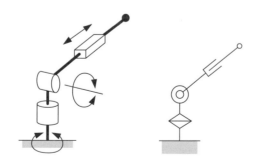

◆　**図2・8　極座標形ロボットの構造図**　◆

2・2　人間形ロボットの長所・短所を考えてみよう．

2・3　生物に学ぶことの長所を考えてみよう．

2・4　車輪形移動と歩行形移動の特徴を考えてみよう．**図2・9**に4足歩行ロボットの例を示す．

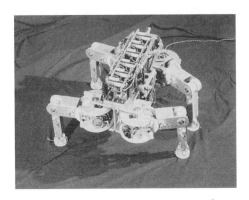

◆　**図2・9**　4足歩行ロボット TITAN-Ⅷ[8]　◆
（写真提供：東京工業大学　広瀬茂男名誉教授）

2・5　なぜ象の鼻形のロボットでは可搬重量が小さいのか考えてみよう．

2・6　インチワーム方式（尺取虫方式）の移動方法について図解し，説明してみよう．

3章 ロボットのメカニズム

　ロボットの形にはいろいろなものがあることがわかった．次に，その中身はどのようになっているのか説明しよう．まず，ロボットを構成する部品にはどのようなものがあるか，ここで整理する．**モータ**，モータのトルクを増大させるための**減速機**，モータから可動部まで動力を伝達する**伝達機構**，**位置センサ**，**速度センサ**，接触力や外力を検出するための**力トルクセンサ**，環境を計測するための**距離センサ**，画像センサとしてのカメラなどが主な部品である．**表3・1**に構成要素を整理する．ここで，ロボット自身の状態を計測するセンサを**内界センサ**，外部との相対関係を計測するセンサを**外界センサ**という．

表3・1　ロボットのおもな構成要素

モータ	減速機	伝達系	内界センサ	外界センサ
DCサーボモータ	ハーモニックドライブ	歯車列	ポテンショメータ	カメラ
ACサーボモータ	サイクロ減速機	ラック・ピニオン	エンコーダ	力トルクセンサ
ステッピングモータ	RV減速機	ベルト	レゾルバ	距離センサ
DDモータ	遊星歯車減速機	チェーン	（位置・速度）	（レーザ，超音
超音波モータ	ボール減速機	ロープ	タコジェネレータ	波，うず電流，
油空圧モータ	ボールねじ	リンク機構	（速度）	静電容量）
	（回転-直線）	（平行リンク，パン	リミットセンサ	
		タグラフ）	（機械式，光電式）	

〔備考〕　ハーモニックドライブは，（株）ハーモニック・ドライブ・システムズの登録商標
　　　　サイクロおよびサイクロ減速機は，住友重機械工業（株）の登録商標
　　　　RV減速機は（株）ナブテスコの製品，ボール減速機は加茂精工（株）の製品である．

3-1　ロボットの関節はどうなっているのか

　ここでは，特にロボットの関節構造について説明する．ロボットの関節はモータ，減速機，位置センサ，速度センサで，基本的には構成される．モータには速応性の良いサーボモータを用い，減速機でモータのトルクを増大させる．**位置セ**

ンサは関節角度を検出し位置決めするために必要であり，**速度センサ**はなめらかに関節を動かすために必要である．位置・速度センサにはエンコーダがよく用いられる．また，電源を切ったときにロボットが動かないようにブレーキをつける場合もある．

　図 3・1に関節の構成例を示す．ここでは，モータ軸のエンコーダで出力軸の位置，速度を検出している．通常，エンコーダは絶対位置がわからないので，関節出力軸に設置したリミットセンサを併用して絶対位置を算出する．あるいは，出力軸にポテンショメータを取り付けることもある．この例では，減速機の出力側にさらに歯車で減速し，出力軸のアームを駆動している．また，図示されていないが，各回転軸は軸受で回転支持されていなければならない．

　この関節を任意に組み合わせることによって，所望のロボットの形となる．

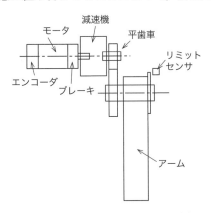

◆　**図 3・1**　ロボット関節の構成例　◆

3-2 関節はどのように構成するのか

　ロボットの関節では，減速比が足りない場合や出力軸の方向を変えるために，低減速機構をハーモニックドライブなど高減速機構の入力側に設置する例も多い．特にかさ歯車や平歯車，タイミングベルトなどは**バックラッシ**（p.34 参照）が大きくなったり，剛性も低いので，出力側にハーモニックドライブなどの減速機を置くとこれらの欠点をかなりカバーすることができる．このように，実際に

ロボットの関節を構成する場合の構造を**図3・2**に示す．また，位置保持に負作動形ブレーキを用いることが多く，電源が入っている場合にブレーキが外れ，電源が切れるとブレーキがかかるように構成している．

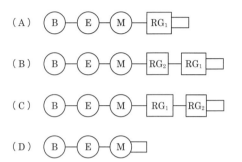

B：ブレーキ，E：位置検出器（例えばエンコーダ），M：モータ，
RG$_1$：高減速機構，RG$_2$：低減速機構

◆　**図3・2**　関節構成模式図　◆

　関節出力軸の位置・速度は，モータ軸のエンコーダ出力パルスをカウントすることでモータの回転角度，角速度を計測して算出する．図3・2（D）は減速機を用いない直接駆動（ダイレクトドライブ，DD）方式の場合である．この場合，モータ軸が出力軸となるので，高トルクのブレーキや高分解能のエンコーダが必要となる．通常，モータ軸でのエンコーダは2 048 ppr（パルス/回転）程度であるが，DDモータでは300万 ppr以上のエンコーダもある[1]．減速機を使うことで数千 pprのエンコーダ，低保持トルクのブレーキで済んでいるといえる．

3–3　動力はどうやって関節へ伝えるのか

　モータは必ずしも関節に直接ついているわけではなく，離れた場所から伝達機構を介して動力を伝える場合も多くある．遠くへ動力を伝えるには，プーリーとベルトやワイヤロープ，スプロケットとチェーンがよく使われる．比較的近い場合には歯車が使われ，出力軸の方向を変えるにはかさ歯車が使われる．ベルトやワイヤロープは軽量化に向いているが，伸びやすべりの問題がある．歯車ではバックラッシの問題がある．モータはその用途に応じて，どこから関節を駆動する

か考える必要がある.

　また，**図3・3**に示すように動力伝達には2つの意味がある．それは伝達効率と伝達精度である．伝達効率の低い機構を使用するとモータのパワーが有効に伝わらず，より大きなモータが必要になる．特にロボットアームでは，先端側のモータの質量は根元側のモータの負荷になるので，根元のモータはどんどん大きくなってしまう．また，伝達機構にガタがあると先端でのガタは拡大され，正確な位置決めは困難になる．伝達要素の数が多いほど，剛性低下，ガタ大と考えてよいだろう.

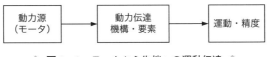

◆ **図3・3**　モータから先端への運動伝達 ◆

　さらに，軸受やガイドなどの支持要素も大変重要である．**軸受**は回転支持や直動支持を行うが，摩擦が大きいと伝達効率は低下する．**カップリング**も単に軸と軸をつなぐだけではなく，軸心ずれを吸収することで支持部材への過負荷を防止している．軸心が合っていないと過負荷となるばかりでなく，トルク変動も生じるので，機構の寿命が短くなったり，センサに機械ノイズとして重畳され，期待どおりの性能が出ないことになる．また，ロボットにはクロスローラ軸受（**図3・4**）や薄肉形軸受などがよく使われる場合がある．通常，円錐コロ軸受やアンギュラ軸受などペアで支持するような出力軸を，クロスローラ軸受では1つでモーメント荷重も受けることができ省スペースである．また，薄肉形軸受は外径を小さくできるので，負荷的に満足していればロボットアームは小形軽量となる.

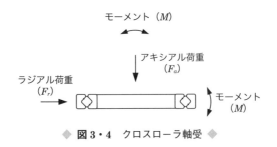

◆ **図3・4**　クロスローラ軸受 ◆

　図3・5には代表的な動力伝達機構を示す．ベルトやチェーンにはゆるみ止めとしてアイドラプーリーを用いて張力をかける場合もある．**図3・6**には回転運動と直線運動とを変換する機構を示す．一般に直動機構は並列にガイド部が必要になり大きくなる．

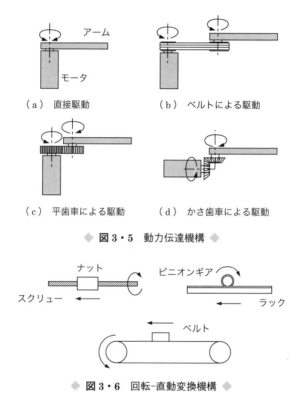

（a）　直接駆動　　　　　　（b）　ベルトによる駆動

（c）　平歯車による駆動　　　（d）　かさ歯車による駆動

◆ **図3・5**　動力伝達機構 ◆

◆ **図3・6**　回転-直動変換機構 ◆

　図3・7には歯車列により駆動される関節機構を示す．根元に置かれた2つのモータの動力をトルクチューブとかさ歯車で関節へ伝達し，曲げと回転の2自由度を実現している．このような機構では，駆動部を離れたところに集中して配置しているので関節を軽量，コンパクトにできる．逆に，各関節にモータを配置する場合に比べて伝達効率が低い，バックラッシが大きいという欠点がある．トルクチューブの代わりにワイヤロープを使えばさらに軽量となり，バックラッシも小さくなるが，剛性は低下する．また，ロープの場合は伸びや破断の問題がある．

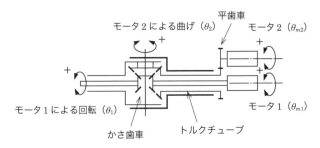

モータ2による曲げ（θ_2）　平歯車　モータ2（θ_{m2}）

モータ1による回転（θ_1）　モータ1（θ_{m1}）

かさ歯車　トルクチューブ

◆ **図 3・7　歯車伝達による関節機構例** ◆

　図3・8にはチェーンによる動力伝達の例を示す．ここで注意したいのは，関節に**差動機構**を採用している点である．モータ1と2が同方向に回転すると関節で曲がり，互いに逆方向に回転すると先端が回転する．2つのモータが協調して関節を駆動するので，モータパワーを有効に活用できる．

　リンク機構による動力伝達の例を**図3・9**に示す．リンクの中でも**平行リンク**

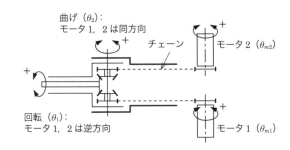

曲げ（θ_2）：
モータ1，2は同方向　チェーン　モータ2（θ_{m2}）

回転（θ_1）：
モータ1，2は逆方向　モータ1（θ_{m1}）

◆ **図 3・8　差動機構による関節機構例** ◆

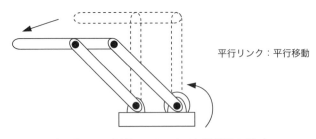

平行リンク：平行移動

◆ **図 3・9　平行リンクによる伝達機構の例** ◆

は先端の姿勢を保ったまま駆動できること，駆動部を根元に設置でき軽量化できること，さらに，ベルトなどに比べ剛性が高く，ガタも少ないのでよく使われている．同様に**図 3・10** に示す変位を拡大する**パンタグラフ機構**もよく使われる．産業用ロボットでもパレタイジング用（箱積み作業）の多関節ロボットに平行リンクが用いられている．

　平行リンクをグリッパに応用した例を**図 3・11** に示す．ものを把持する場合には平行に開閉するグリッパが適している．**図 3・12** にはボールねじによる**平行開閉グリッパ**の例を示す．ここでは，1 本の軸に右ねじと左ねじを構成することで，それぞれのナットが逆方向に駆動され開閉動作となる．また，ボールねじにはモーメントなど軸力以外の力を受けるのは好ましくないので，リニアガイドを併用

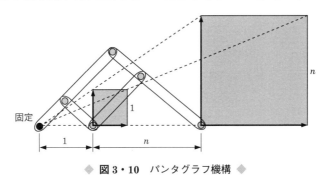

◆ **図 3・10** パンタグラフ機構 ◆

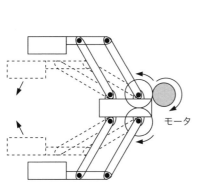

◆ **図 3・11** 平行リンクを利用した ◆
グリッパー

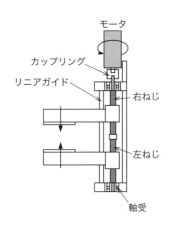

◆ **図 3・12** ボールねじを用いた ◆
グリッパー

する必要がある．また，リンク機構を用いることで駆動部が小形となることがわかる．

3-4 減速機の役割とは何か

通常，モータは高速回転で出力トルクは小さい．ロボットの関節に用いるには減速して速度を下げ，トルクを大きくして使っている．**図3・13** に示すように，てこの役割を演じているのが**減速機**である．現状のロボットでは，ほとんどがモータと減速機とを組み合わせて使っているほどで，モータとともに減速機は重要なキーコンポーネントである．ロボットアームの剛性や伝達効率もほとんどが減速機の性能で決まってしまう．

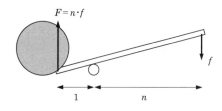

◆ **図3・13　減速機はてこ** ◆

ロボットの関節には，減速比 100 程度の減速機がよく使われている．100 の減速比を歯車列で得るには，**図3・14** に示すように何段にも歯車を組み合わせる必要があり，減速機構が大きくなってしまう．したがって，減速機というものが必要になる．ロボットのアームは関節が連続的に構成されるので，先端側の関節の重量が根元側の関節の負荷となってしまうことから，なるべく軽量にしなけれ

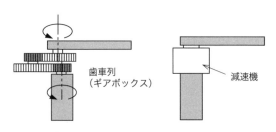

◆ **図3・14　歯車列から減速機へ** ◆

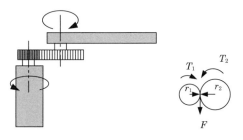

◆ **図3・15　歯車による減速** ◆

ばならない. **図3・15** に歯車による減速の原理を示す.

　伝達される力を F, 歯車のピッチ円半径を r_1, r_2, トルクを T_1, T_2 とする. 図3・15 に示すように, 添字はそれぞれ小歯車, 大歯車を表す. ここで, **ピッチ円**とは歯車のかみ合う代表円といえる.

$$T_1 = F \cdot r_1 \tag{3・1}$$
$$T_2 = F \cdot r_2 \tag{3・2}$$

これから, ピッチ円半径の大きいほうが伝達トルクは大きくなることがわかる. また, ピッチ円直径と歯数 Z の比を**モジュール** m と呼び, 次式で表せる.

$$m = 2r/Z \tag{3・3}$$

さらに回転数, 減速比をそれぞれ N, n とすると,

$$n = r_2/r_1 = Z_2/Z_1 = N_1/N_2 \tag{3・4}$$
$$T_2 = n \cdot T_1 \tag{3・5}$$

となる. ただし, 実際には歯車のかみ合いによる動力損失がある. 伝達効率を η として次式で表せる.

$$T_2 = n \cdot \eta \cdot T_1 \tag{3・6}$$

　したがって, 伝達効率の良い機構を考える必要がある. ものを作ったが思ったように動かないときがある. それは, どこかに伝達損失の大きいところがあると思っていいだろう. なお, 歯車一対のかみ合いでの伝達効率は約98%, 一般的な減速機で 60〜80% 程度である.

例 題　**減速機とモータの選び方**：ロボットの関節は低速回転・高トルクであるのに対して, モータは高速回転・低トルクなので, モータ, 減速機の選び方をよく考えなければならない.

例えば，$180°/\text{s}, 20\,\text{N·m}$（要求値）の関節仕様に対して，定格で $3\,000\,\text{rpm}$，$0.16\,\text{N·m}$，$50\,\text{W}$ のモータと減速比 150，伝達効率 85% の減速機で対応できるか考えてみよう．

出力トルクは，

$$0.16\,\text{N·m} \times 150 \times 0.85 = 20.4\,\text{N·m} > 20\,\text{N·m}$$

出力速度は，

$$3\,000\,\text{rpm} = 50\,\text{rps} = 18\,000°/\text{s}$$

$$18\,000/150 = 120°/\text{s} < 180°/\text{s}$$

トルクは満たしているが，速度が遅くなるので，減速比を下げて，さらにトルクの大きなモータを選ぶ必要がある．

出力は次式のように表されるので，この仕様を満たすにはモータは 74 W 程度のものを選ばなければならない．

$$P = \frac{T\,[\text{N·m}] \times N\,[\text{rpm}] \times 100}{955 \times \eta} \quad [\text{W}] \tag{3・7}$$

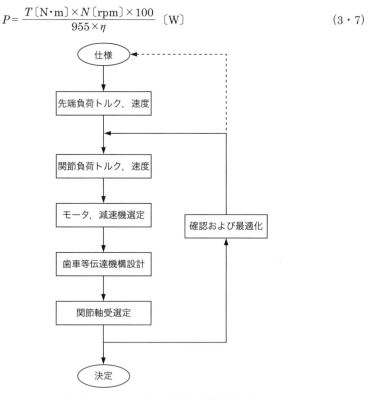

◆ **図 3・16** ロボット関節の設計手順 ◆

逆に，仕様速度を下げることができれば，モータは小出力のもので済むことになる．ロボットの設計手順について**図3・16**に示す．まず，概略トルク，速度からモータなどを仮選定し，その後，設計を進め，負荷となる関節や支持機構などを含めた正確な自重を考慮して再度確認を行うのである．

3–5　ロボット用の減速機にはどのようなものがあるのか

ここでは，ロボットによく用いられる代表的な減速機について，簡単に一般的な特徴をまとめる．歯形などの詳細については専門書を参照されたい．

1　遊星歯車減速機

遊星歯車減速機は，**図3・17**に示すように複数の遊星歯車と太陽歯車，遊星歯車を固定するキャリア，外周の内歯車から構成されている．遊星歯車減速機は通常，内歯車を固定し，太陽歯車を入力軸とし，自転，公転する遊星歯車の公転をキャリアを介し出力として取り出すものであり，単なる歯車列による減速機よりもコンパクトとなる．減速比は太陽歯車と内歯車のピッチ円の比（あるいは歯数比）で決まり，1段では10程度であり，高減速比を得るためには多段にする必要がある．太陽，遊星，内歯車の各歯数が Z_1, Z_2, Z_3 のとき減速比は次式となる．

$$n = \frac{2(Z_1 + Z_2)}{Z_1} = \frac{Z_1 + Z_3}{Z_1} \tag{3・8}$$

遊星歯車を2個以上用いることで動的なバランスを取り，さらに面圧（歯面

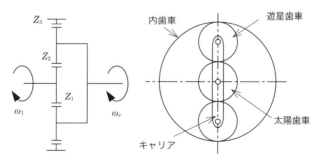

◈　**図3・17**　遊星歯車減速機　◈

にかかる単位面積当たりの荷重）を下げることができるが，歯当たりが均一となるような工夫が必要である．バックラッシ（p.34 参照）は 2〜3 分程度である[2]．通常，効率は 2 段でも 90 % 以上といわれている．入力軸と出力軸が同軸であるのでモータと組み合わせやすい．

2 ハーモニックドライブ減速機

ハーモニックドライブ減速機は，**図 3・18** に示すように**フレクスプライン**，**サ**

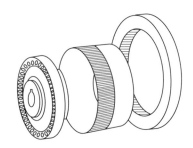

コンポーネントタイプ　　　　ウェーブジェネレータ　フレクスプライン　サーキュラスプライン

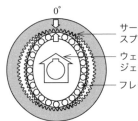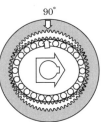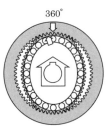

◆ **図 3・18　ハーモニックドライブ減速機**[2] ◆

リフレッシュ 5　**ユニークな減速機**

ハーモニックドライブは非常にユニークな機構である．これはアメリカで発明され製靴機械の USM 社（United Shoe Machinery）で製品化されたものである．これを現在の（株）ハーモニック・ドライブ・システムズの前身である（株）長谷川歯車が注目し，日本で性能向上された．従来の歯車というイメージとはほど遠いものであり，是非，手にとって確かめてもらいたい．

ーキュラスプライン，**ウェーブジェネレータ**からなり，薄肉部材であるフレクスプラインを弾性変形させて歯のかみ合いを実現している．フレクスプラインはサーキュラスプラインよりも歯の数が 2 つ少ないため，ウェーブジェネレータの 1 回転で歯のかみ合いが 2 歯分逆方向にずれることで減速される．構成要素が少ない，軽量，ハウジングがない，組込み型なのでロボットの関節をコンパクトにできるという特徴がある．一般的には，他の減速機と比べてやや剛性が低く，負荷が大きいと歯飛び（ラチェッティング）が生じる．歯形は特別な形状をしており，効率もインボリュート歯形の減速機に比べるとやや低く 70〜80％ 程度である．また，構造上小さな減速比が取れない．30 から 320 の減速比があり，ロボットには最もよく使われている減速機といってもよいだろう．特に軽量であるので手先側にはよく用いられる．バックラッシは 1 分程度である．

なお，サーキュラスプラインを固定とした場合，フレクスプラインの歯数 Z_f，サーキュラスプラインの歯数 Z_c を用いると，**減速比**は次式となる．

$$n = \frac{Z_f}{Z_f - Z_c} \tag{3・9}$$

3 ┃ 内接式遊星歯車

サイクロ減速機は，**図 3・19** に示すように小歯数差の**内接式遊星歯車機構**と円弧歯形を持つ**等速度内歯車機構**から構成されている．歯形には転がり曲線であるトロコイド系の歯形を用いているために歯車のかみ合い効率は良く，高減速でも

（ a ）内接式遊星歯車機構　　　　　（ b ）サイクロ減速機の構造

◈　**図 3・19　サイクロ減速機の原理図**[3]　◈

伝達効率は90％以上といわれている．歯数差は少ないほど減速比が大きく1枚か2枚がよく使われる．小歯数差機構においては，インボリュート歯形では歯先の干渉が生じるので，トロコイド曲線板とローラからなる**ピン歯車**を用いている．そのため複数の歯が動力伝達に寄与しているので耐荷重性が高い．出力には平行クランク機構を用いた等速度内歯車機構により自転分を取り出している．剛性が高いのでロボットアームの基部側によく用いられる．ロストモーション（後述の図3・22参照）は1分である．入力軸側にさらに減速部を設け入力軸慣性を小さくしたものや[4]，ローラの代わりにボールを用いたものもある[5]．

固定太陽歯車の歯数 Z_S，遊星歯車の歯数 Z_P を用いると**減速比**は次式となる．

$$n = \frac{Z_P}{Z_P - Z_S} \tag{3・10}$$

4 　ウォームギア

ウォームギア（**図3・20**）は入力軸，出力軸が直交しており，伝達方向を変えるのにかさ歯車とともに適している．伝達効率は一般に40％程度と良くないが，**セルフロック**するものでは位置保持のためにブレーキが不要となる．安全性を重視するようなロボット機構にはよく使われている．ウォームギアの条数（ねじのらせんの数）を Z_1，ホイールの歯数を Z_2 とすると，**減速比**は次式となる．

$$n = \frac{Z_2}{Z_1} \tag{3・11}$$

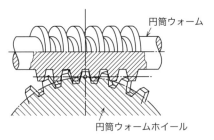

円筒ウォーム

円筒ウォームホイール

◆ **図3・20**　ウォームギア[6] ◆

5 ボールねじ

ボールねじ（**図3·21**）は，減速機というよりは，回転運動と直線運動とを変換する**動力伝達要素**としてよく使われている．ねじの原理なので大きな駆動力が得られ，しかもボールを使った転がり伝達のため摩擦係数は $0.002 \sim 0.01$ と小さく伝達効率が高い．直動機構にはよく使われ，平行リンク機構を取り入れたロボットの駆動にも使われている．ボールねじの入力駆動トルク T は出力並進力 F_a，リード L，効率 η（0.96）を用いると式（3·12）で表される．駆動トルクはボールを用いないスクリューナットと比べると約 $1/3$ である．この場合，スクリューナットでの摩擦係数は $0.1 \sim 0.3$ である．

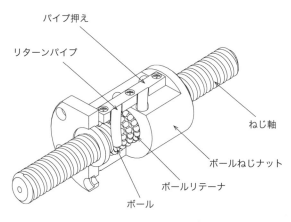

パイプ押え

リターンパイプ

ねじ軸

ボールねじナット

ボールリテーナ

ボール

◆ **図3・21 ボールねじ**[7] ◆
（提供：THK（株））

リフレッシュ6 **不思議な歯車**

不思議遊星歯車という減速機構がある[8]．一体どんな歯車であろうか？ 実は1つの遊星歯車が同心で，かつ歯数の異なる2つの内歯車にかみ合ったものである．一対の歯車がかみ合うにはモジュールが同じでなければならない．したがって，通常の設計ではあり得ないことだが，転位歯車という設計手法による歯車を用いることで実現できる．小形で大減速比が取れることから宇宙用ロボットアームの関節用に開発が進められた[9]．

$$T=\frac{F_a \cdot L}{2\pi \cdot \eta}$$

$$(3 \cdot 12)$$

3-6 減速機に求められる性能とは何か

減速機はキーコンポーネントであり，その性能が制御性能を含めてロボットの性能に大きく影響する．ここでは，減速機に要求される性能をまとめる．

1 小形高効率

アクチュエータの小形化やロボット全体の小形化のために高効率化は必須である．ただし，効率は減速比，入力回転数，負荷トルク，温度，潤滑などの条件で異なる．

2 バックドライブ

出力側から出力軸を回転させることを**バックドライブ**，そのトルクを**バックドライブトルク**あるいは**増速起動トルク**という．ロボットアームが何らかの原因でモータ側から動かせなくなった場合に，出力側から動かせればロボットアームを収納，回収することなどが可能となる．

3 高剛性

ロボットでは軽量化のために剛性は低くなりがちであるが，機械系の固有振動数が制御帯域よりも低いと共振現象が生じやすくなる．このときアームが振動するので，精密な位置決めや連続的な動作ができなくなる．また，振動させないように速度を下げたり，追従性を下げることもある．産業用ロボットの固有振動数は $5\sim20$ Hz 程度であるが，DD アームでは 75 Hz というものもある[10]．ロボットの剛性はリンク部よりも減速機の剛性が支配的であるので，減速機の剛性，すなわちロボットの剛性となり，剛性の高い減速機が望まれる．

4 | バックラッシとヒステリシス

図3・22 に示すように，入力軸を固定して出力軸にトルクを加えていくと，トルクに応じたねじれを生じていく．このときの曲線を**ヒステリシス曲線**といい，

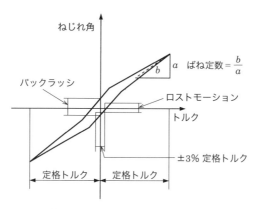

◆ **図3・22** ヒステリシス曲線 ◆

リフレッシュ7 機械剛性と制御の関係

剛性と制御の関係についてここで簡単に説明しておこう．低次の機械系固有振動数 ω_{res}，制御系の固有振動数 ω_n とを用いると，経験的に次式の関係が良いといわれている[10]．これにより，制御ゲインは機械の共振周波数に制約されることがわかる．すなわち，機械の共振を避けるために制御帯域を下げているのである．

$$\omega_n \leqq \frac{1}{2} \omega_{res} \tag{3・13}$$

ここで，機械系の固有振動数は，ばね定数 k，質量 m を用いると次式となる．

$$\omega_{res} = \sqrt{\frac{k}{m}} \tag{3・14}$$

また，制御系の固有振動数は，比例ゲイン k_p と機構定数 a を用いると次式となる．

$$\omega_n = \sqrt{\frac{k_p}{a}} \tag{3・15}$$

したがって，剛性が高ければ制御帯域が上げられ，その結果，制御ゲインも上げられることがわかる．詳しくは6章参照のこと．

機構の剛性や内部摩擦により形が異なる．このとき，定格トルクの±3% におけるヒステリシス曲線幅の中間点のねじれ角を**ロストモーション**，また，ヒステリシス曲線のトルク 0 におけるねじれ角を**バックラッシ**あるいは**ヒステリシス損**という．

　一般に，バックラッシを小さくするには加工精度・組立精度を上げる，予圧をかけることが有効である．ただし，予圧をかけると摩擦も大きくなるので注意しなければならない．

5 ┃ 無負荷ランニングトルク

　無負荷ランニングトルクは，負荷をかけていないときに必要とされる入力トルクであり，いわゆる摩擦トルクである．これが大きいとモータのトルクが有効に使えない．したがって，設計が悪いと減速機を回すだけにトルクを費やしてしまう場合もある．起動トルクについても同様に確認する必要がある．

3-7　減速機を使わないロボットとは

　前節までは減速機のメリットを述べたが，減速機を使わないロボットもある．伝達機構にガタ，バックラッシ，摩擦などがあると精度の良い運動伝達や高速な運動はできないからである．そこで，これまでの「減速機＋サーボモータ」を「低速で高トルクなモータ」に置き換えたモータがあり，**ダイレクトドライブモータ（DD モータ）**などと呼ばれている．DD モータは一般に高価で，大きくて重い場合が多い．次に，DD モータを用いたロボットの例をあげる．

　図 3・23 は 7 自由度のマニピュレータで，高速で 3 次元計測をしてリアルタイムで卓球を行うロボットである．通常の減速機を用いたロボットアームと見比べると（例えば図 1・6），DD アームでは肩の関節が非常に大きくなっていることがわかる．産業用ロボットでは DD モータを用いた水平多関節形のスカラ形ロボットが市販されている[11]．高速動作が可能で標準サイクルタイム 0.6 秒を実現し，整定時間が減速機を使用したものよりも優れているという．

　より高速動作が求められてくると慣性力やコリオリ力，他軸からの干渉力など

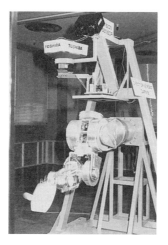

◈ **図3・23　ダイレクトドライブ（DD）ロボット**[12] ◈

　動力学の影響が無視できなくなる．そのために複雑な演算をリアルタイムで解く必要があり，リンクパラメータの正確な値が必要となるので，単純な構造のDDアームのほうが有利となる．詳しくは8章参照のこと．

　ロボット以外ではVTRのシリンダ部などでモータによるDD方式（直接駆動方式）や減速比の小さい準DD方式が採られ，高精度な運動伝達が実現された．この場合には，トルク変動や速度変動も重視される．一般に重力の影響が少なく，比較的軽負荷の場合にDD方式が採用されている．

リフレッシュ 8　　ロボットの性能を表すには

　スカラ形ロボットでは，高速性を表す指標としてサイクルタイムがよく使われている．**標準サイクルタイム**とは，定格負荷での水平方向300 mm，垂直方向25 mm往復のアーチモーションに要する時間のことである．このほかに，ロボットの性能を表す指標に最大可搬重量，最高速度，最大加速度があるが，これらはアームの大きさにもよるものであり，自重可搬重量比や繰返し位置決め精度のほうが一般的である．**自重可搬重量比**は，ロボットの自重に対してどれくらいの重さのものを持てるかという指標であり，現在，3分の1から4分の1程度であるが，約1：1というのもあらわれている[13]．なお，繰返し位置決め精度は±0.02 mm程度である．

トライアル　3

3・1　図3・7と図3・8の関節機構において，2つのモータ回転角と曲げおよび回転の関節角との関係を求めてみよう．ただし，減速比はすべて1とする．

3・2　歯車列を用いて減速比100となるような歯車の組合せを考えてみよう．また，なるべく外径が小さくなるようにしよう．ただし，一番小さい歯車のピッチ円直径を2 cm，歯数を20とする．

3・3　減速機を用いる場合の長所と短所を考えてみよう．

3・4　図3・17に示す遊星歯車の減速比を求めてみよう．

3・5　標準サイクルタイムは2009年時点では減速機使用のロボットアームでも0.3秒のものが市販され，DDアームよりも高速化が進んでいる．どのような設計をすることで進歩したのか考えてみよう．

3・6　洗濯機にもDDモータが使われているものがある．この場合はどのようなメリットがあるか考えてみよう．

4章 ロボットのセンサ

　ロボットには内界センサと外界センサが必要である．**内界センサ**はエンコーダ，ポテンショメータなどロボット自身の位置，速度などの関節状況を検出するためのセンサであり，**外界センサ**は距離センサ，CCD カメラ，力センサなど対象物や環境との相対関係を検出するセンサである．本章では，ロボットに実際に使われているセンサについて説明する．

4-1 位置・速度センサはロボット制御の基本

　関節角度，角速度の検出には，エンコーダ，ポテンショメータ，タコジェネレータ，レゾルバなどがよく用いられる．原理的にエンコーダがディジタル出力で，ほかはアナログ出力である．

1 エンコーダ

　関節に特によく用いられているのが**エンコーダ**である．エンコーダには光学式と磁気式があるが，ここでは**光学式エンコーダ**について説明する．エンコーダは出力がディジタル信号であり，ノイズに強く，位置と速度を検出することができる．

　エンコーダは符号板とフォトセンサからなり，符号板にはスリットがあり，符号板が1回転すると2000パルス程度の出力が得られる．このパルスをアップダウンカウンタで計測することで角度が算出され，単位時間当たりのパルス数で速度が算出される．また，通常モータ出力軸には減速比100程度の減速機があるので，モータ入力軸に取り付けられたエンコーダでも高分解能で出力軸回転角度を算出できる．**図4・1**に示すように，エンコーダ出力には A，B，Z 相のパルス出力があり，A，B 相はそれぞれ 90° 位相がずれていることより回転方向がわ

かる．出力軸から見て CW（ClockWise）が時計回りの方向で，CCW（Counter-ClockWise）が反時計回りである．さらに，A，B相の立上り，立下りを検出することで，4倍の分解能（4逓倍）を得ることができる．なお，Z相は1回転で1パルス出力され，ロボットの出力軸に取り付けたリミットセンサの信号と組み合わせれば精密な原点検出が可能である．

また，エンコーダにはアブソリュート（絶対値）エンコーダとインクリメンタル（相対値）エンコーダがあり，通常は関節出力軸に取り付けたフォトセンサやリミットセンサで原点検出することで，インクリメンタル形を使うほうが小形となる．ほかにインクリメンタル形でバッテリーバックアップして絶対値を得る方法もある．

ここで，アブソリュートエンコーダの原理を簡単に説明しておく．**図4・2**には符号板を展開して示してある．4ビットのエンコーダでは4組の発光・受光素子

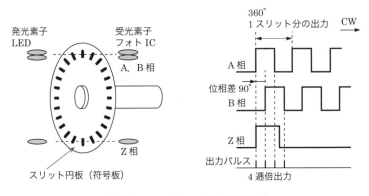

◆ **図4・1　エンコーダの原理図** ◆

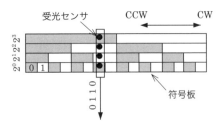

◆ **図4・2　アブソリュートエンコーダの原理** ◆

が必要となり，分解能は $360/2^4 = 22.5°$ となる．12 ビットにすれば同様に $0.088°$ となるが，各素子からの配線が必要であるから信号線の芯数が非常に多くなる．

2 ┃ ポテンショメータ

ポテンショメータ（**図 4・3**）は**可変抵抗器**であり，回転角度に応じた電圧が出力される．ボリュームなどに使われているものと同じ構造である．巻線形と導電性プラスチックを使ったコンダクティブ形があり，回転数も 1 回転形や多回転形がある．多回転形では抵抗体がコイルばねのようにらせん状になっている．最近は摩耗を避けるために光学式で非接触式としたものもある．出力軸にポテンショメータを取り付けることで，ポテンショメータの出力を微分して速度を得ることも可能であるが，ロボットの出力軸は 1 回転程度なので精度が低い．出力軸に取り付けたポテンショメータとモータ軸に取り付けたインクリメンタルエンコーダと組み合わせて絶対位置検出に使用する場合もある．

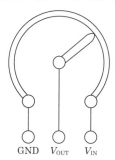

GND　V_{OUT}　V_{IN}

◈ **図 4・3　ポテンショメータの構造** ◈

3 ┃ レゾルバ

レゾルバは，ロータコイルとステータコイルの位相差によりロータ回転角度を検出する一種の**トランス**である．また，位相差を用いて電圧制御形発振器の出力周波数から速度を求めることができる．**図 4・4** に示すように，互いに直角に配置したステータコイルに位相が $90°$ ずれた 2 相の正弦波電圧（$E\sin\omega t$, $E\cos\omega t$）を印加すると回転磁界を生じる．この磁界中に互いに直角に置かれたロータコイルからは，それぞれのコイルに位相差のある電圧（$E_0\sin(\omega t+\theta)$, $E_0\cos(\omega t+\theta)$）

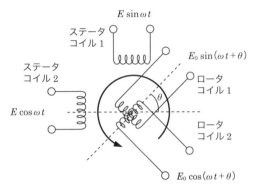

◈ **図4・4　レゾルバの原理** ◈

が発生する．ここで，ステータコイルとロータコイルとの回転角を θ とする．これを位相弁別回路で分割することで 2^{-17} などの高分解能が得られる[1]．

　レゾルバは構造が簡単であり，耐環境性に優れているので原子力用や宇宙用のロボットの関節に用いられている．

4 │ タコジェネレータ

　タコジェネレータは**速度発電機**であり，回転角速度に比例した電圧が出力される．モータとは逆の原理で永久磁石とコイルとを組合せ，コイルに発生する電流を出力として取り出す．

例　題　エンコーダ分解能と出力軸精度：ここで，エンコーダ分解能と出力軸での精度の関係を見てみよう．

　減速比100，エンコーダ分解能1 024 ppr，アーム長1 000 mm とする．このとき，**図4・5** に示すようなアーム先端での分解能はいくらになるだろうか？

　まず，出力軸換算の分解能 $\Delta\theta$ を求めてから，先端分解能を求める．

$$\Delta\theta = \frac{360°}{1\,024 \times 100} = 0.0035°$$

$$\Delta X = L \cdot \Delta\theta = 1\,000\ \text{mm} \times 0.0035 \times 3.14/180 = 0.061\ \text{mm}$$

したがって，機械系のガタなどを考えなければアーム先端での位置精度は 0.06 mm となる．実際には4逓倍するので 0.015 mm まで可能である．

　制御系まで考えると，

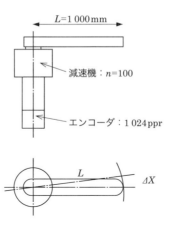

◆　**図 4・5　エンコーダ分解能と位置精度**　◆

　　仕様精度＞分解能＞バックラッシ
となるように全体の設計をしなければならない．

4-2　力センサはどうなっているのか

　ロボットは，仕事をするとき相手と接触しながら作業を行う．例えば，部品を組み込む挿入作業やグラインダがけなど，押付け力を調整することが必要な作業では力を制御しなければならない．そのためには，機械的にばねなどを用いて干渉力を回避する方法と，力センサを用いて制御する方法がある．

1　RCC デバイス

　機械的な方法としては，挿入作業では**図 4・6** に示すような RCC デバイス

> **リフレッシュ 9**　　**初期化動作**
>
> 　ロボットに初期化動作というものがある．これはロボットが自分の姿勢がどうなっているか探す動作ともいえる．すなわち，アームを動かして原点位置を検出することで絶対位置を算出する．しかし，周りに障害物があるときや狭い環境で作業するロボットではこのような動作はできない．このためにアブソリュートエンコーダなどが必要になるのである．

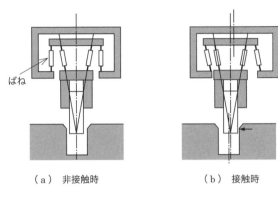

（a）　非接触時　　　　　　　　（b）　接触時

◆　**図 4・6**　RCC デバイス　◆

（Remote Center Compliance）というものが製品化されている[2].　これは，ばね
をうまく配置することにより，挿入方向とロボットの動作方向に誤差があっても
それを吸収できるようなデバイスである．また，グラインダ作業には押付け方向
のみばねで一定力支持する方法が取られていて，簡単で安く力を調整することが
できる．しかし，いろいろな方向の力を制御することはできない．

2 ｜ 力検出の原理

　一方，力センサには薄肉部にひずみゲージを貼り付けたものがよく使われてい
る．負荷により薄肉部が変形し，その変形量をひずみゲージで検出するものであ
る．図 4・7 から図 4・9 に力検出原理を示す．

　図 4・7 に示すように軸方向の力を検出する場合には，ひずみ量 ε，長さ L，応
力 σ，断面積 S，外力 F とすると，

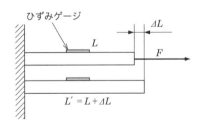

◆　**図 4・7**　軸力の検出方法　◆

$$\varepsilon = \Delta L/L, \ \ \sigma = \varepsilon E = F/S \tag{4・1}$$

これより，ひずみ量を検出すれば力が次式より求まる．

$$F = \varepsilon FS \tag{4・2}$$

ここで，E は縦弾性係数で材料により決まり，$2.1 \times 10^5 \mathrm{MPa}$（鉄），$7.2 \times 10^4$ MPa（アルミニウム）である（$10\,\mathrm{MPa} \doteq 1\,\mathrm{kgf/mm^2}$）．ひずみ量を大きくするにはアルミニウムが有利であるが，強度では鉄に劣る．

図 4・8 に示すように曲げによる力を検出する場合には，荷重点からゲージまでの距離 L，モーメント M とすると，最大曲げ応力は表面で発生するので，

$$\left.\begin{array}{l} M = F \cdot L \\ \sigma = M/Z = \varepsilon E \end{array}\right\} \tag{4・3}$$

ここで，Z は断面係数で断面形状から決まる．厚さ h，幅 b の矩形断面の場合，

$$Z = bh^2/6 \tag{4・4}$$

したがって，ひずみ量を検出すれば力が次式より求まる．

$$F = \frac{bh^2\sigma}{6L} = \frac{bh^2\varepsilon E}{6L} \tag{4・5}$$

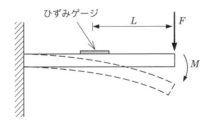

◆ 図 4・8 曲げによる力の検出方法 ◆

図 4・9 に示すようにねじりによるトルク T を検出する場合には，ポアソン比 $\nu(=0.3)$，直径 d とすると，せん断応力 τ_0 は，

$$\varepsilon = \frac{\sigma_1}{E}(1+\nu) \tag{4・6}$$

$$\tau_0 = \sigma_1 = \frac{\varepsilon E}{1+\nu}, \quad \tau_0 = \frac{16T}{\pi d^3} \tag{4・7}$$

となるので，ひずみ量を検出すれば，トルクは次式より求まる．

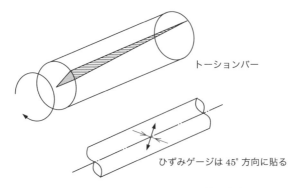

トーションバー

ひずみゲージは 45° 方向に貼る

◆　**図 4・9**　ねじりによるトルクの検出方法　◆

$$T = \frac{\pi d^3 \tau_0}{16} = \frac{\pi d^3 \varepsilon E}{16(1+\nu)} \tag{4・8}$$

　これらから，ひずみ検出部の形状は許容応力以下に設計しなければならないが，ひずみ量を大きく取るには強度や剛性が低下するので，バランスのよい設計が必要となる．なお，式（4・5）は重要で強度計算時によく使う．

3 ┃ 6軸力センサ

　通常，ロボットの場合は6軸の力を検出して**力制御**を行うので，単軸のロードセルのようなものよりは**6軸力センサ**（6軸力覚センサ，力トルクセンサともいう）として，ロボットアーム部の手首に取り付ける場合が多い．**図 4・10** に示

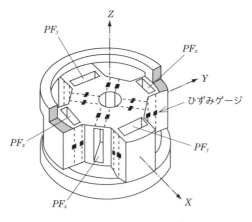

Z

PF_y

PF_x

Y

ひずみゲージ

PF_x

PF_y

PF_z

X

◆　**図 4・10**　6軸力センサ[3]　◆

すような 6 軸力センサは，取扱いが簡単で負荷側に近いので検出精度も高い．

　しかし，各関節やリンク部に力が加わっても外力は検出されない．このような場合には，各関節にトルクセンサを使用する場合もある．また，ひずみゲージを用いる場合には，4 ゲージでブリッジ回路を組むことによって温度補償もでき，高出力が得られる．

　6 軸力センサは，コンパクトで高剛性とするために構成が複雑である．また，検出される 6 軸力は**クロストーク**（他軸からの干渉）の影響も小さくしなければならない．さらに，手先をぶつけると力センサを壊してしまうので，機械的に保護するような工夫がなされている．検出分解能は通常，定格トルクの千分の一程度とされている．最近の製品ではセンサ処理回路（A/D 変換やひずみゲージ校正マトリクス）がセンサ本体に組み込まれていてノイズに強くなっているとともに，計算機とのインタフェースを取るボードやソフトウェアライブラリも用意されている．

　図 4・11 にはロボットハンドにひずみゲージを貼り付け，握力センサを構成した例を示す．指には薄肉部を設け平行板ばねとしている．応力は薄肉端部で最大となるので，端部にひずみゲージを貼り付ける．

リフレッシュ 10	ロボットでつかむ

　ロボットでものをつかむのは実は難しい．壊れやすいものをつかむときには握力を制御しなければならない．また，実際に宇宙や原子力発電所などで作業するときには，ものが外れて浮遊したり，炉内に落としてしまってはそれが原因で事故を誘発しかねないので，把持には大変気をつかっている．このような環境では一度落としたものを再度把持するのは困難である．ものがあるか確認するセンサを追加したり，押し付けて摩擦でつかむ（摩擦把持）だけでなく，機械的に引っ掛けて把持（機械把持）したり，放すときには 2 重，3 重に確認して開放するなどの処置が取られている．

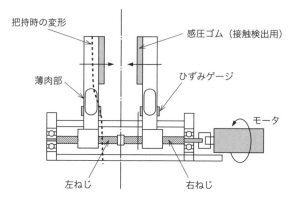

把持時の変形

感圧ゴム（接触検出用）

薄肉部

ひずみゲージ

モータ

左ねじ

右ねじ

◆ **図 4・11　グリッパ握力センサへの応用例** ◆

4-3　近くのものを検出するには

　ロボットが対象物に接近してから把持する場合などには，精度良く位置決めする必要がある．通常は距離センサや画像で大まかな位置情報を得て，接近してからは近接センサで微小位置調整を行う．**近接センサ**としては静電容量の変化を検出するもの，うず電流の変化を検出するものがよく用いられる．他にフォトインタラプタを用いたもの，機械的に接触するものとしてリミットスイッチがある．

1　うず電流式近接センサ

　高周波コイルに導体を近づけたときの電磁誘導効果を利用したものであり，近づいたときの駆動回路のインピーダンスの変化やコイルの誘起電圧を検出する．コイルに電流を流すと磁束 ϕ_A が発生する．これに導体が近づくと磁束が貫き，**図 4・12** のようなうず電流 i_E が流れる．このうず電流はギャップ d が小さいほど多くなり，その磁束 ϕ_B は元の磁束を妨げる向きに発生する．この磁束分のため電流が変化するのでインピーダンスが変化する．金属表面に傷があるとうず電流が流れにくくなることから，溶接後の傷センサとしてもよく利用されている．

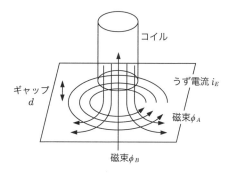

◈ **図4・12**　うず電流式近接センサ ◈
（インピーダンスの変化を検出）

2 ┃ 静電容量式近接センサ

ギャップ間の静電容量変化を利用したものである．**図4・13**のように対向した2枚の金属板によりコンデンサが構成される．板の面積を S, ギャップを d, 金属間の物体の誘電率を ε とすれば，その静電容量 C は次式となる．

$$C = \varepsilon \cdot \frac{S}{d} \qquad\qquad (4 \cdot 9)$$

対象物が導体の場合は近づくにつれて容量が増加する．また，相手が導体でない場合には金属板を並列に配置し，相手を誘電体とみなし，高い誘電率のものが近づけば2枚の電極板間の容量が増加するので，これを利用して距離を測定する．

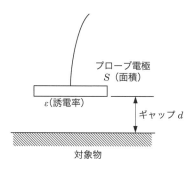

◈ **図4・13**　静電容量式近接センサ ◈
（静電容量の変化を検出する）

3 ｜ 光学式近接センサ

図4・14に示すように光の遮断や反射を利用して障害物の有無や距離を検出するものである．**光源**にはLED（発光ダイオード），**受光素子**にはフォトダイオード，フォトトランジスタ，PSD（Position Sensitive Detector）などがある．また，光ファイバを利用することもできるので検出部を小形化できる．発光部と受光部とを一体化したものを**フォトインタラプタ**といい，透過式と反射式の構成がある．また，反射式のものは距離に応じて受光量が変化することを利用することで距離を計測できるが，対象物の表面特性に依存する．さらに，LEDの代わりにレーザダイオードを用いれば長距離の計測も可能である．

（a）透過形　　　　　　　　　　　（b）反射形

◆ **図4・14**　フォトインタラプタ（光電式センサ）◆

4 ｜ 機械式リミットスイッチ

図4・15に示すようにレバーでスイッチの接点を機械的に接触させるものである．機械式**リミットスイッチ**，**マイクロスイッチ**という．他のセンサは非接触式であったが，これは接触式で確実である．関節の動作範囲限の検出に，フォトインタラプタとともによく使われる．

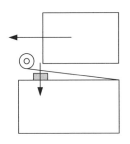

◆ **図4・15**　マイクロスイッチ ◆

4-4 どうやって距離を測るのか

距離計測としては，超音波式距離センサ，レーザ距離計，CCD カメラ†を用いて画像処理する方法などがある．超音波式は反射波が往復する時間を測定するもので，精度は良くないが簡単に大まかな距離情報が得られる．レーザ光や CCD カメラを利用する計測は，三角測量の原理によるものである．特にレーザを用いたものは指向性が高く，高精度な計測が可能である．カメラを利用すると対象物までの単純な距離に加え，形状も判断することが可能で，ステレオカメラ法，スリット光投影法，スポット光投影法，能動カメラ法（ハンドアイカメラ）がある．一般には実時間で3次元の形状データを作成するのはかなり時間がかかる．

カメラを使った場合，レーザ光を当てる代わりに対象物側にターゲットマーカを取り付けることが可能であれば，より簡単に位置計測を行うことができる．ターゲットマーカには，LED やカラーボール（色による認識）を立体的に配置したものなどがある．

1 超音波式距離センサ

圧電セラミックスの圧電効果を利用したものが多い．**圧電効果**には圧電気直接効果（受信器）と圧電気逆効果（発信器）があるので，1つの圧電セラミックスで兼用することもできる．**図 4・16** に示すように距離を L，音の速度を V，気温

リフレッシュ 11　動作範囲の管理

動作範囲の管理は，各関節に対して内側から順にソフトウェアによる監視，CPU を介さないリミットスイッチによる監視，最終的には機械的なメカニカルストッパによる停止が取られている．一般には作業空間で動作範囲を指定したいが，ロボットは多関節機構なので難しい．将来，人間と共存するロボットではどのように動作範囲を管理するのがよいだろうか？

動作範囲：メカニカルストッパ＞リミットスイッチ＞ソフトウェアリミット

---

† 近年では，より高速・高分解能の **CMOS イメージセンサ**に置き換わっている．

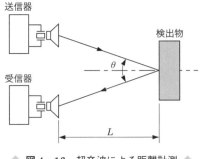

◆　**図4・16**　超音波による距離計測　◆

を T とすると，音の反射時間 t から距離は次式のように求まる．

$$L = V \cdot \frac{t}{2} \quad (\theta \fallingdotseq 0°) \tag{4・10}$$

$$V = 331.5 + 0.6 \cdot T \tag{4・11}$$

　超音波センサは，指向性が低いので1点の計測や小さな物体の検出はできない，別の場所からの反射により誤差が出やすい，波長により分解能が決まるなどの特徴がある．これらに対して，複数の発信・受信器を用いて指向性を高める，周波数をなるべく高くするなどの対策がとられている[4]．分解能は波長 λ の $1/2$ とすれば，$\lambda = V/f$ であるから，$V = 340$ m/s，$f = 100$ kHz のとき 1.7 mm となる．

　移動ロボットでは障害物を検出するのに超音波センサがよく用いられる．これはある方向に障害物があるか否かを簡単に検出できるからである．

2 ┃ レンジファインダ

　レーザ光を対象物体に照射し，その反射光の位置を検出して三角測量により距離を求めるシステムである．ミラーにより対象物に照射し，反射光をレンズを通して CCD や PSD で検出する．**図4・17** に示すようにレーザ光の照射方向角度を θ，検出位置を x_s，センサとレンズの中心間距離を d とすれば，X-Z 平面における対象物の位置 $P(x_p, z_p)$ は，レンズの焦点距離を f として次式のように求まる．

$$\left. \begin{array}{l} f/x_s = z_p/x_p \\ \tan\theta = z_p/(d - x_p) \end{array} \right\} \tag{4・12}$$

$$x_p = \frac{d \cdot \tan\theta}{f/x_s + \tan\theta}$$
$$z_p = \frac{d \cdot \tan\theta}{1 + x_s \cdot \tan\theta / f}$$

(4・13)

さらに，y 方向の位置はレーザ光を紙面垂直方向に振ることによって同様に得られる．

$$y_p = y_s \cdot z_p / f$$

(4・14)

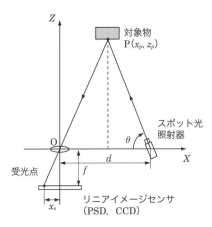

◆ **図 4・17** 三角測量による距離計測[4] ◆

3 3次元形状計測法

CCD カメラを利用した3次元位置計測にはいろいろな方法（**図 4・18**）があるが，スリット光投影法，スポット光投影法は基本的にはレンジファインダと同じ原理である．**スリット光投影法**は光切断法ともいわれ，光をスリットを通して対象物体に当てる方法である．スリット光を走査して対象物に当て，画像として得られた直線群から折れ曲がった点をつなぐと輪郭が得られ，その点を三角測量により距離を計測すれば3次元形状が得られる．このようにして得られた画像を**距離画像**という．

2台のカメラを使った**ステレオカメラ法**は両眼立体視ともいわれ，人間の目と同様の原理で2台のカメラの視差から距離を計測する．**図 4・19** に示すように，

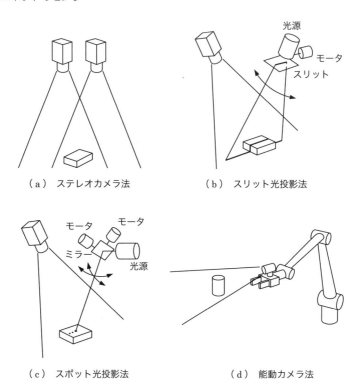

（a）　ステレオカメラ法　　　　　（b）　スリット光投影法

（c）　スポット光投影法　　　　　（d）　能動カメラ法

◆　**図4・18**　3次元計測方法　◆
（文献[4]を参考とした）

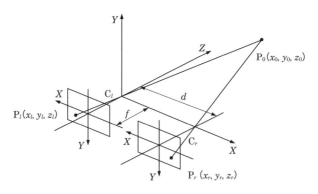

◆　**図4・19**　ステレオカメラ法による計測　◆

左右のカメラ画面に得られる対象点の座標値を $P_r(x_r, y_r, z_r)$, $P_l(x_l, y_l, z_l)$ とすると，ロボット座標系での座標値 $P_0(x_0, y_0, z_0)$ は次式で与えられる．

$$\frac{x_l}{f} = \frac{x_0}{z_0}, \qquad -\frac{x_r}{f} = \frac{d - x_0}{z_0} \tag{4・15}$$

ここで，カメラの焦点距離を f，2台のカメラのレンズ中心 C_r, C_l の間の距離を d とする．

以上の関係より P_0 が求まる．

$$\left.\begin{array}{l} x_0 = \dfrac{x_l \cdot d}{x_l - x_r} \\[3mm] z_0 = \dfrac{f \cdot d}{x_l - x_r} \end{array}\right\} \tag{4・16}$$

Y 方向の距離も同様にして求められる．

$$y_0 = \frac{y_l \cdot d}{x_l - x_r} \tag{4・17}$$

4 | 能動カメラ法

ハンドアイカメラともいう．ロボットの手先にカメラを搭載し，位置姿勢を変えながら2次元画像を計測していくことにより3次元画像を得ることができる．手先にカメラがあることによって自由な方向の画像が得られる，見やすい位置にカメラを設定できる，特定の対象物を計測できる，という特徴がある．

さらに，カメラ画像から位置を計測し，ロボットアームの位置決めにフィードバックすることを**ビジュアルフィードバック**という．これにより対象物の検出や接近，移動物体の追跡（ターゲット・トラッキング）などができる．

図4・19にカメラを用いた計測法を示し，**表4・1**に距離センサの特徴をまとめた．

> **リフレッシュ 12** ┃ **モーションキャプチャ**
>
> 　現在，ゲームなどでリアルな人間の動作をコンピュータグラフィックス（CG）で表現するのに用いられているモーションキャプチャには，関節にセンサを装着するほか，ステレオカメラ法を利用するものもある．手足の関節部にLEDやカラーボールを付けてカメラで各点の変化を検出し，CGを動かしている．

◆ **表 4・1** 距離センサの特徴 [5), 6)] ◆

	検出範囲	分解能	備　考
超音波	0.6〜6 m	1 cm〜	指向性が広い 液面でも可
レーザ距離計	〜35 cm 〜5 m	10 μm〜 1 mm〜	高精度
うず電流	0〜10 mm	0.3〜2 μm (0.03% FS)	近接センサ 高精度 金属面のみ
静電容量	0.01〜10 mm	3 μm〜 (0.2% FS)	近接センサ
光電スイッチ	7 mm〜10 m		簡単

(FS: Full Scale)

4-5　環境計測に必須な測域センサ

　赤外光などを投射してその反射光を検出し，その時間差などから周囲環境の対象物までの距離を計測する．Time of Flight と呼ばれている．**図 4・20** に示すように赤外光のビームを水平掃引することでセンサを中心とした対象物までの2次元距離情報を得るものと，さらに垂直な掃引面を追加し3次元の立体距離情報を得るものがある．**図 4・21** にはセンサ周囲の人の位置を計測し，処理した結果を図示する．人の後ろにはビームが遮られていることがわかり，連続的に取得することで，人の動きを計測できる．移動ロボットの開発には必須のセンサともいえ，障害物回避や地図生成に多用されている．とくに，自動運転自動車に応用

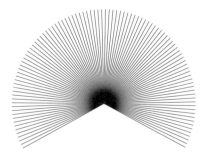

半径数 m の範囲を微小角
度毎にスキャンし，障害
物までの距離を得る．

◆ **図 4・20**　測域センサの計測範囲と分解能 ◆

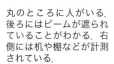
丸のところに人がいる.
後ろにはビームが遮られ
ていることがわかる. 右
側には机や棚などが計測
されている.

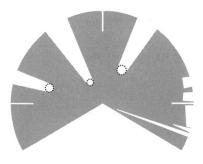

◆ **図 4・21** 測域センサでの計測例 ◆

される 3 次元のセンサは 3D-LiDAR と呼ばれ, 100 m の計測範囲で誤差 3 cm
というものもある.

4-6 そのほかにどんなセンサがあるのか

ロボットにはほかにもいろいろなセンサが用いられている. **触覚センサ**とし
て, 圧力により電圧が変化する感圧ゴムや感圧フィルムをロボットハンドに応用
することもできる. また, ハンド用のセンサはまだ製品が少なく, シリコンオイ
ルと圧力センサを組み合わせた指先用の**圧覚センサ**[7] や, 物体を把持したときにロ
ーラの回転角からすべり量を検出する**すべり覚センサ**[4] が開発されている. ロボッ
トのハンドはアーム部に比べると, まだまだ開発すべき要素が多い. そのほか, レ
ートジャイロを用いるとロボットの姿勢を検出したり, 積分して移動ロボットの
移動量を算出することができる. 人間を検出するには焦電形赤外線センサがある.

4-7 センサと制御の関係はどうなっているのか

以上, ロボットによく使われるセンサについて説明した. 特に何を制御するの
か, それにより適したセンサを適した場所に配置する必要がある. **図 4・23** に示
すように, モータ入力軸に組み込んだエンコーダで分解能的には出力側の先端で
の位置制御は可能であるが, モータ出力軸側にバックラッシがあっては, 精度は

リフレッシュ13　手と腕

人間の腕は 7 自由度であるが，手は 20 自由度といわれている．手は非常に複雑で，指 1 本がアーム 1 本に相当すると考えられる．5 本の指をどのように協調すれば器用に動かすことができるのだろうか？　**図4・22** に示す多指ハンドロボットはペンを持ち替え，文字を書くことができる．

◆ **図4・22**　多指ハンドロボット[7] ◆

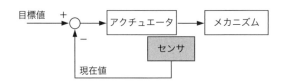

◆ **図4・23**　セミクローズドループ制御 ◆

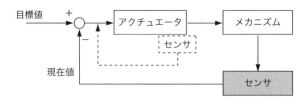

◆ **図4・24**　クローズドループ制御 ◆

目標値

◆　**図 4・25**　オープンループ制御　◆

出せない．そのような場合には，**図 4・24** に示すように出力軸に位置センサが必要である．前者は**セミクローズドループ制御**，後者は**クローズドループ制御**という．クローズドループでは通常，セミクローズドループを内包して，バックラッシなどに対する制御性の安定性を確保している．なお，ステッピングモータでは入力パルスに対応して出力軸が一定角度ずつステップ状に回転するために，**図 4・25** のようにセンサなし（フィードバックなし）のオープンループで位置制御や速度制御が可能で構成が簡単となるが，位置決めの分解能や制御性はサーボモータとエンコーダの組合せより悪くなる．

トライアル　4

4・1　**図 4・26** のブリッジ回路において，隣り合う 2 辺にひずみゲージを組み込むと，ひずみの感度が 2 倍となり，温度変化がキャンセルできることを説明しなさい．

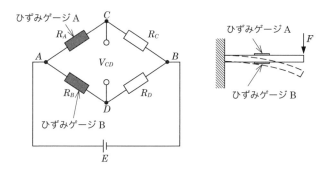

◆　**図 4・26**　ひずみゲージブリッジ回路　◆

4・2　ロボットアームがコップをつかむまで遠距離時，近接時，接触時にセンサをどのように使い分ければよいか考えてみよう．

4・3　人間を見つけるにはどのようなセンサがあるか考えてみよう．

4・4　ロボットの動作中は近づかないほうがよいが，どのようなセンサシステムにすればよいか考えてみよう．

4・5　逆に人間とともに働くロボットにはどのようなセンサが必要か考えてみよう．

5章 ロボットのアクチュエータ

　ロボットのアクチュエータとしてよく用いられるのは，**サーボモータ**である．サーボモータは取り扱いが容易，小形・高トルク，しかも応答性が良いのでよく使用されている．特に **AC サーボモータ**はブラシがなく，メンテナンスフリーであることから，産業用ロボットはほとんどが AC サーボである．1980 年以降は，ほとんどの産業用ロボットはメンテナンスが容易なことから，油圧モータから電動モータに置き換わった．

　一方，**油圧アクチュエータ**は高出力なので，大きなトルクが必要な用途に適している．また，**空気圧アクチュエータ**は安全でクリーンなアクチュエータである．

　このほかにも超音波モータ，静電アクチュエータ，圧電アクチュエータ，形状記憶合金，水素吸蔵合金，FMA（フレキシブルマイクロアクチュエータ）など，いろいろなアクチュエータが開発されている．特に超音波モータはカメラのレンズ駆動にすでに応用されている．

5-1 アクチュエータにはどんな種類があるのか

1 アクチュエータの分類

　アクチュエータには，以下に示すようにいろいろなものがある．**表 5·1** に各種アクチュエータの特徴をまとめた．また，電磁力モータ以外のアクチュエータについて簡単に説明しておく．

- ●油圧アクチュエータ（モータ・シリンダ）
- ●空気圧アクチュエータ（モータ・シリンダ）
- ●電磁力モータ
  - ―誘導モータ（インダクションモータ）

◆ **表5・1　各種アクチュエータの特徴** ◆

種　類	特　徴	用　途	備考（構成）
油圧アクチュエータ	高出力 油漏れ・油管理が必要	建設機械，工作機械，産業用ロボット	ポンプ・油圧源・配管・サーボ弁
空気圧アクチュエータ	高速移動 圧縮性，安全，クリーン	空気圧を用いたハンド，電車のドア	コンプレッサ・配管・サーボ弁
電磁力モータ	使いやすい，クリーン，制御性が良い	用途多数	電源・モータドライバ
形状記憶合金	構造体を兼ねる 応答性やや遅い	めがねフレーム，ジョイント（カップリング）など	（加熱・冷却）
超音波モータ	軽量・小形，ブレーキ不要	カメラのレンズ駆動など	（圧電セラミックス）

　　　―同期モータ（シンクロナスモータ）

　　　―AC サーボモータ

　　　―DC サーボモータ

　　　―ブラシレス DC サーボモータ

　　　―ダイレクトドライブモータ

　　　―ステッピングモータ（パルスモータ）

　　　―リニアモータ

　その他のアクチュエータ

●超音波モータ

●静電アクチュエータ（electrostatic actuator）

●圧電アクチュエータ（piezoelectric actuator）

●形状記憶合金（SMA, Shape Memoried Alloy）

●メカノケミカル

●FMA（Flexible Micro Actuator）

●水素吸蔵合金（metal hydride）

●人工筋肉

2 ｜ 油圧アクチュエータ

　油圧アクチュエータには回転運動をする油圧モータと直線運動をする油圧シリンダがあり，圧力を機械的エネルギーに変換するものである．**油圧シリンダ**はシ

リンダの中にピストンがあり，ピストン両端の作動油の差圧で往復運動を行う．

図5・1 に示すように，高圧側圧力 P_1，低圧側圧力 P_2，断面積 A，加重圧力係数（しゅう動部の摩擦係数）λ とすると，推力 F は次式となる．

$$F = (P_1 - P_2)A\lambda \tag{5・1}$$

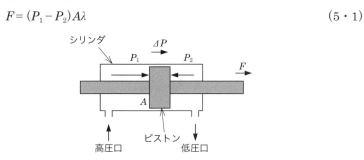

◆ **図5・1** ピストンシリンダの構造 ◆

3 空気圧アクチュエータ

油圧アクチュエータとほぼ同様な原理であるが，圧縮性のある空気を媒体としている．そのために負荷によって速度が変動しやすく，精密な位置決めは困難であるのでオンオフ制御が主体となる．

4 超音波モータ

接触面において，圧電素子による超音波振動により進行波を生成することで，2つの面が摩擦による相対運動で駆動されるものである．小形で静止時の保持トルクが大きいのでブレーキが不要である．

5 SMA

Ti-Ni などの合金で形状を塑性変形させても，ある温度にすると元の形状に戻るという**形状記憶効果**を利用したアクチュエータであり，熱-機械エネルギー変換素子である．これはマルテンサイト変態により起こるといわれ，100 MPa 以上の大きな力を発生することができる．しかし，ひずみ量が2～5% と小さいことから変位を拡大するような機構が必要となる，温度変化による変位なので応答性がやや低い，という欠点がある．

6 | FMA

　断面が3室に分離されたシリコンゴムで構成され，周方向は繊維強化されているので，圧力が加わると径方向に膨らまず軸方向へ伸展する．3室への圧力を調整することで，軸周りの曲げと軸方向の伸展の3自由度が実現される[1]．

　SMA，FMA ともに収縮力または伸展力のみ発生するので，戻すような力を発生させる必要がある．**図 5・2** に基本構成を示す．

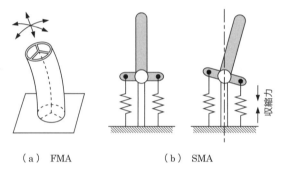

　（a）　FMA　　　　　　　（b）　SMA

◆ **図 5・2**　その他のアクチュエータ例（FMA と SMA）◆

リフレッシュ 14　**FMA の開発**

　FMA は簡単な構造で動きも生物的であり，大変ユニークなアクチュエータである（**図 5・3**）．これは研究者がボトムアップ的に提案して発明したものである．FMA でハンドを構成すると，機械的なロボットでは柔らかくて持ちづらいもの，壊れてしまうものを簡単につかむことができる．

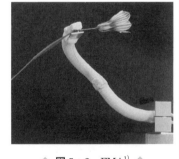

◆ **図 5・3**　FMA[1] ◆

5-2　電磁力モータをモデル化してみよう

　制御系の解析を行うためによく使うモータのモデル化とその特性について以下に説明する．ここでは**図 5・4**に示す DC モータの等価回路のモデル化を行う．モデル化することでモータの特性を理解しやすくなり，また特性を改善するための方法も検討できる．さらに，ロボットの関節の特性を評価する際の基本となる．

　L_a は電機子巻線のインダクタンス，R_a は内部抵抗，E_c はモータが回転中に発生する誘導電圧とする．このとき，電流 i_a が等価回路に流れると次式の関係が成り立つ．

$$\left. \begin{aligned} E_b &= L_a\frac{di_a}{dt} + R_a i_a + E_c \\ T &= T_l + T_m = i_a K_t, \qquad E_c = K_e n \end{aligned} \right\} \tag{5・2}$$

　ここで，K_e：誘導電圧定数（逆起電力定数），K_t：トルク定数，n：回転数，T：発生トルク，T_l：モータの外へ取り出せるトルク，T_m：モータ内部で消費されるトルクである．

　定常状態では，$di_a/dt = 0$ であるから次式が成り立つ．

$$E_b = R_a\frac{T}{K_t} + K_e n \tag{5・3}$$

これより，DC モータの T-n 曲線は**図 5・5**のようになる．$T = 0$ のとき，モータ回転数 n は最大 $N_{\max}$ となり，$n = 0$ のとき，モータトルクは最大 $T_{\max}$ となる．

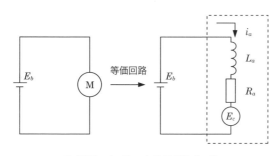

◆　**図 5・4**　モータのモデル化　◆

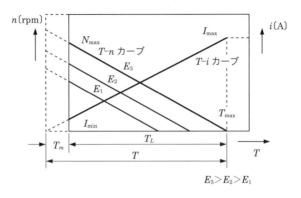

◆ **図5・5　モータの特性曲線** ◆

$$N_{\max} = \frac{E_b}{K_e} \tag{5・4}$$

$$T_{\max} = E_b \cdot \left(\frac{K_t}{R}\right) = i_a \cdot K_t \tag{5・5}$$

したがって，トルクと電流は比例し，速度とトルクは反比例するという基本的な特性が理解できる．なお，誘導モータなどではこのような線形の関係にはならない．

5-3　サーボモータの特徴とは

一般にモータにステップ状の電圧をかけてもすぐにステップ状の電流が流れるわけではなく，コイルのインダクタンスによって電流には遅れが生じる．モータ電流には一次遅れの特性があり，電流値は指数関数的に定常電流に近づいていく．**図5・6**にモータの**立上り特性**を示す．このことを式（5・2）から説明しよう．

図5・7に示すように過渡電流 i_a が流れると，$E_c = 0$ のとき，式（5・2）より，

$$E_b = i_a \cdot R_a + L_a \frac{di_a}{dt} \tag{5・6}$$

この解は $t = 0$ のとき $i_a = 0$，$t \rightarrow \infty$ のとき $i_a = I_a$ とすると次式となる．すなわち，I_a は定常状態での電流である．

$$i_a = I_a(1 - e^{-t/\tau_e}) \tag{5・7}$$

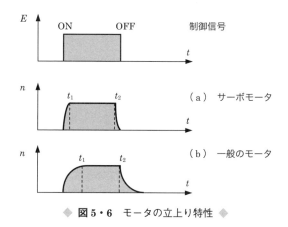

◆　**図5・6**　モータの立上り特性　◆

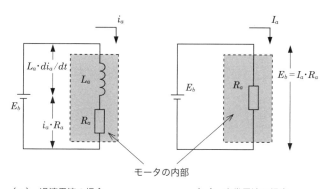

（a）　過渡電流の場合　　　　　　（b）　定常電流の場合

◆　**図5・7**　等価回路での電流が流れたときの状態　◆

$$I_a = \frac{E_b}{R_a} \tag{5・8}$$

$$\tau_e = \frac{L_a}{R_a} \tag{5・9}$$

　ここで，τ_e を**電気的時定数**という．これより，モータに電圧をかけても電機子巻線のインダクタンスにより，すぐに電流は I_a とはならないことがわかる．同様に**機械的時定数** τ_m もモータの慣性モーメント J_m とすると次式で求められる．

$$n = N_\infty (1 - e^{-t/\tau_m}) \tag{5・10}$$

$$\tau_m = \frac{J_m \cdot R_a}{K_e \cdot K_t} \tag{5・11}$$

式（5・7），式（5・10）を図示すると**図5・8**のようになる．電気的な時定数はステップ状の電圧をかけてから定常電流の63%になるまでの時間であり，機械的な時定数は同様に回転数が定常になるまでの63%の時間である．これが大き

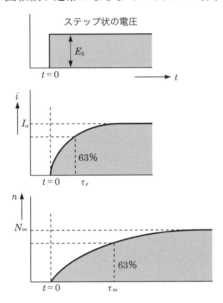

◆　**図5・8**　電気的時定数と機械的時定数　◆

リフレッシュ 15　ブラシレスDCサーボモータとACサーボモータ

　ブラシレスDCサーボモータとACサーボモータはよく混同されがちである．ブラシレスDCサーボモータは，DCサーボモータのように一定磁束と一定電流によってトルクを発生し，コイルの通電相の切換えを整流子の代わりにスイッチング素子で置き換えたものである．ロータの位相を検出するためにホール素子などのセンサが必要である．一方，ACサーボモータ（同期機形）も構造的には同じで，ロータ側に永久磁石，ステータ側にコイルを配置し，正弦波磁束分布と正弦波電流によりトルクを発生させるものである．3相の正弦波励磁を開始するためにはロータの初期位相の情報が必要であるが，静止状態ではわからない．まず矩形波励磁でロータを回してみて，ロータ位置を同定してから正規の正弦波励磁に切り換える必要がある．これはサーボモータの駆動回路に組み込まれたCPUによってソフトウェアで実現している．

いほどモータの立上りが遅いことになる．また，式（5・11）より，機械的に応答性を上げるにはロータのイナーシャ（慣性）が小さいほうがよいことがわかる．例えば，サーボモータの電気的時定数は約 0.15 ms，機械的時定数は 15 ms である．特にサーボモータ（制御用モータ）は制御性を追求するモータであり，一般に他のモータに比べて始動トルクが大きい，電気的・機械的時定数が小さく応答が速い，またトルクと電流，回転数と電圧特性が直線的である，うず電流損とヒステリシス損が小さい，などの特徴がある．

5-4 モータ駆動部を設計してみよう

モータの電気的な特性が理解できたので，次に駆動部の設計方法について説明する．例えば，**図5・9**に示すワークを位置決めする1軸テーブルの駆動部を設計してみよう．ここでは負荷トルクからモータ容量を選定してみる．ワークによる負荷を M〔kg〕，位置決め精度を Δx〔mm〕，加減速時間を t_1〔s〕とすると，モータはどのように選べばよいだろうか．

モータトルクは，おもに加速時のトルクと定速時のトルクから求まる．まず，モータトルクを求めるためにモータ軸での慣性モーメント J_L を求める．負荷 M，ボールねじ軸と歯車の慣性モーメント J_2，モータ軸の歯車の慣性モーメント J_1，ボールねじのピッチ P，減速比 $n = Z_2/Z_1$ とする．

$$J_L = \frac{1}{n^2}(J_W + J_2) + J_1 \qquad (5・12)$$

ここで，直動軸の慣性は次式で回転軸の慣性に変換できる．

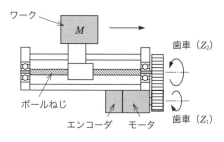

◆ **図5・9** 1軸テーブルモデル ◆

$$J_W = M \left(\frac{P}{2\pi} \right)^2 \tag{5・13}$$

さらに，モータ軸の慣性モーメントを J_M とすると，加速に必要なトルクは次式で求まる．

$$T_a = (J_L + J_M) \ddot{\theta} \tag{5・14}$$

摩擦トルク T_f とすると，加減速時，定速時のトルクは以下のように求まる．

加速時：$T_1 = T_a + T_f \tag{5・15}$

定速時：$T_2 = T_f \tag{5・16}$

減速時：$T_3 = -T_a + T_f \tag{5・17}$

また，駆動パターンを表すデューティサイクルが**図 5・10** のようにはっきりしている場合には，次のように実効平均トルク T_{rms} を算出して，定格トルクを確認する．

$$T_{rms} = \sqrt{\frac{T_1^2 t_1 + T_2^2 t_2 + T_3^2 t_3}{t_1 + t_2 + t_3}} \tag{5・18}$$

通常，モータは次の 2 式を満たすものを選択する．

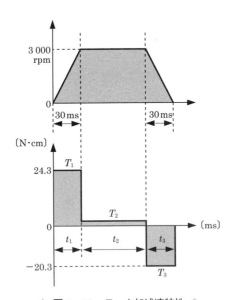

◆ **図 5・10**　モータ加減速特性 ◆

$$T_1 \leqq T_{\max} \tag{5・19}$$

$$T_{\mathrm{rms}} \leqq T_{\mathrm{rate}} \tag{5・20}$$

つまり，加減速トルクはモータの最大加速トルク $T_{\max}$ 以下であり，また実効トルク T_{rms} は定格トルク T_{rate} 以下である．

加減速の頻度が高い場合には，さらに安全率を 20% 程度見込む場合もある．

例　題　負荷を 15 kg，位置決め精度を 0.005 mm，移動時間を 2 s，加減速時間を 0.03 s としたときのモータを選定してみよう．ここで，$J_1 = 1 \times 10^{-2}\,\mathrm{kg \cdot cm^2}$，$J_2 = 2 \times 10^{-1}\,\mathrm{kg \cdot cm^2}$，$n = Z_2/Z_1 = 10$，$P = 5\,\mathrm{mm}$ とする．

モータ軸での慣性モーメントは，

$$J_L = \frac{1}{10^2}\left[15 \times \left(\frac{0.5}{2\pi}\right)^2 + 2 \times 10^{-1} \right] + 1 \times 10^{-2} \fallingdotseq 1.3 \times 10^{-2} \quad [\mathrm{kg \cdot cm^2}]$$

次に図 5・10 の速度パターンより加速度を求める．

$$\ddot{\theta} = \frac{3\,000 \times (2\pi/60)}{t_1} = \frac{3\,000 \times (2\pi/60)}{0.03} = 10\,467 \quad [\mathrm{rad/s^2}]$$

J_M を 0.2 kg·cm^2 とすると，加速トルク T_a は次のように求まる．

$$T_a = (J_L + J_M)\ddot{\theta} = (0.013 + 0.2) \times 10^{-4} \times 10\,467 = 22.3 \quad [\mathrm{N \cdot cm}]$$

ここで，摩擦トルク $T_f = 2\,\mathrm{N \cdot cm}$ とする．

加速時：$T_1 = T_a + T_f = 22.3 + 2 = 24.3$　〔N·cm〕

定常時：$T_2 = T_f = 2$　〔N·cm〕

減速時：$T_3 = -T_a + T_f = -22.3 + 2 = -20.3$　〔N·cm〕

実効平均トルク：

$$T_{\mathrm{rms}} = \sqrt{\frac{24.3^2 \times 0.03 + 2^2 \times 1.94 + 20.3^2 \times 0.03}{1.94 + 2 \times 0.03}} = 4.35 \quad [\mathrm{N \cdot cm}]$$

例えば，**図 5・11** に示す仕様のモータを選定した場合，加速時トルク 24.3 N·cm で

リフレッシュ 16　J と GD^2

慣性モーメント J は加速トルクを求めるときに重要であるが，GD^2（ジーディースクエア）と表す場合も多い．勘違いすることも多いのでここで整理しておこう．慣性モーメント J は質量×回転半径の 2 乗，GD^2 は質量×回転直径の 2 乗である．ここで，単位は SI 単位系である．

$$\left.\begin{array}{l} J = mr^2 \quad [\mathrm{kg \cdot m^2}] \\[2mm] J = \dfrac{GD^2}{4} \quad [\mathrm{kg \cdot m^2}] \end{array}\right\} \tag{5・21}$$

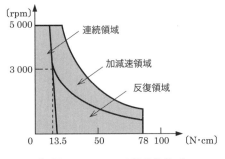

◆　**図5・11　モータ特性曲線**　◆

モータの最大トルク78 N・cm以下であり，実効平均トルク4.35 N・cmもモータ定格トルク13.5 N・cmよりも小さい．したがって，このモータは仕様を満足することが確認される．

次に位置決め精度について確認してみよう．

モータ軸エンコーダをN〔ppr〕とする．減速比はnであるから，出力軸でのパルス数は$N \cdot n$〔ppr〕となる．ここで，ボールねじのピッチはPであるから，並進変位の分解能$\varDelta x$は次式となる．

$$\varDelta x \geqq \frac{P}{N \cdot n} \tag{5・22}$$

これより，並進分解能0.005 mmに対応するエンコーダの仕様は，

$$N \geqq \frac{P}{\varDelta x \cdot n} = \frac{5}{0.005 \times 10} = 100 \quad 〔\text{ppr}〕$$

となる．位置決めするには1/10程度の分解能がさらに必要であるから，結局1 000 ppr程度のエンコーダがあればよい．

5-5　モータはどのように制御されているのか

モータは，電圧と電流により回転数，トルクを可変にできることを5-2節で説明した．では，モータの回転角やトルクはどのように制御されているのだろうか．ここでは，モータのトルク制御，速度制御，位置制御について説明する[2]．なお，制御に関する用語は6章でさらに説明する．

1 モータのトルク（電流）制御

　DC モータでは，発生トルクが電流と比例することを利用し，電流を制御することによって間接的にトルクを制御する．電流トルク定数 K_T を用いてトルク指令 T_d から変換された電流指令 i_d と，電流センサ（ホール素子など）で検出されたモータ電流 i を比較し，電流誤差 Δi が 0 となるようにフィードバック系を構成し，モータを回すための電力増幅回路（パワートランジスタ）に制御電圧を供給する．通常，電力増幅回路では，モータの持つインダクタンスを利用した PWM（Pulse Width Modulation）方式によって電力の利用効率の改善が図られている．**図 5・12** にトルク（電流）制御の構成を示す．電流センサの代わりに，直列に入れた抵抗の両端の電圧で代用することもある．また，電流制御部には，通常 PI（比例・積分）制御が用いられるが，簡単に P（比例）制御で済ませる場合もある．電流制御系は，高速な応答が求められるためアナログ回路（オペアンプ）で構成するのが簡単であるが，DSP（Digital Signal Processor）を用いて，後に述べる速度制御や位置制御と同じようにソフトウェアで実現し，部品点数や調整の手間を削減している例も多い．

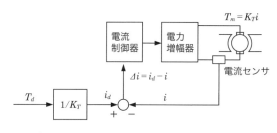

◆ **図 5・12**　モータのトルク（電流）制御 ◆

2 モータの速度制御

　モータの T-n 曲線より，モータ速度を上げるにはモータトルクを大きくすればよいことになる．したがって，指令速度と実際の速度とを比較し，その偏差をもとにトルク指令を先のトルク制御系に対する入力とすればよい．**図 5・13** に速度制御の構成を示す．通常，速度制御には PI 制御がよく用いられている．式

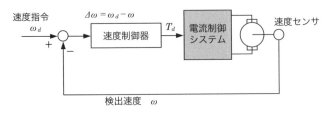

◆ **図 5・13**　モータの速度制御 ◆

(5・23) に示すように，速度偏差にゲイン K_P を乗じたものと速度誤差の積分値にゲイン K_I を乗じたものとの和でトルク指令する方法である．右辺第 1 項は応答速度を速め，第 2 項は定常偏差をなくす効果がある．K_P と K_I を適当に選ぶことにより望ましい速度制御応答を実現するものである．

$$\tau = K_P \cdot \Delta\omega + K_I \int \Delta\omega dt \qquad (5 \cdot 23)$$

3　モータの位置制御

式 (5・24) に示すように，モータの回転速度 ω を積分するとモータ回転角度 θ になることから，目標位置 θ_d に実際の位置 θ を追従させるためには，位置誤差 $\Delta\theta$ に応じてモータ速度 ω を調整すればよい．式 (5・25) では速度指令を比例制御で行っている．したがって，位置制御器が速度制御系の外側になるフィードバック系が構成される．**図 5・14** に位置制御の構成を示し，最終的な構成を**図 5・15**に示した．このように制御ループ（ここでは 3 つ）を内側から次々と閉じていく手法は**カスケード制御系**と呼ばれ，調整の容易さやロバスト性に優れている[3]．ただし，カスケード制御の考え方が成り立つためには，内側ループは外側ループの 2.5〜3 倍の応答速度が必要である．例えば，速度制御ゲインを上げずに位置

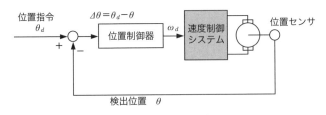

◆ **図 5・14**　モータの位置制御 ◆

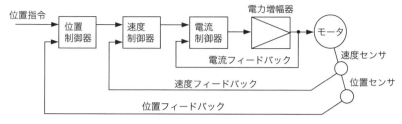

◆　**図 5・15**　位置制御系　◆

制御ゲインだけ上げていっても，振動的応答（ハンチング）になるだけなので注意が必要である．

$$\theta = \int_0^r \omega dt \tag{5・24}$$

$$\omega_d = K_P \Delta\theta = K_P(\theta_d - \theta) \tag{5・25}$$

トライアル　5

5・1　FMA を使ったハンドだと，なぜ簡単にものをつかむことができるのか考えてみよう．

5・2　式（5・7）を導き，時定数は定常時の 63 % になるまでの時間であることを説明してみよう．

5・3　直動軸の運動を回転軸の慣性モーメントに変換する式（5・13）を導いてみよう．

5・4　図 5・10 では摩擦トルクを与えたが，ボールねじの場合は負荷荷重から摩擦トルクを算出できる．また，F_a は抵抗で $F_a = \mu W$ より求められる．ただし，μ は摩擦係数で 0.02，η は効率で 0.9 とする．次式より摩擦トルクを求めてみよう．

$$T = \frac{F_a \cdot P}{2\pi \cdot \eta} \times 10^{-3} \times n \quad [\text{N·m}] \tag{5・26}$$

5・5　図 5・15 で電流制御 - 速度制御 - 位置制御からなるカスケード制御系について説明した．電流制御のところは，なぜ加速度制御ではないのか考えてみよう．

5・6　機械的時定数である式（5・11）を導いてみよう．

6章 ロボット関節の フィードバック制御

5-5節でモータの電流制御，速度制御，位置制御の概念について述べたが，ロボットの1関節を制御することもその延長線上にある．本章では，モータの電流制御が施された系に対する速度制御と位置制御の構成方法について説明する．まず，DCモータと減速機をモデル化してロボットの関節のダイナミクスを求めてみよう．

6-1 関節のモデル化とダイナミクスを知ろう

5章で説明したように，モータに生じるトルクτは電流iに比例する．5-5節で説明したようにモータに電流制御を施して，インダクタンスの遅れや逆起電力を補償すれば（電気的時定数をさらに小さくする），電流指令i_rとトルクとの関係はトルク定数k_tを用いて，

$$\tau = k_t \cdot i_r \tag{6・1}$$

が成り立つ．

次に，**図6・1**に示す減速機構を介した駆動系の運動方程式を考えてみよう．ここで，慣性モーメントJ，粘性摩擦係数D，トルクτ，角度θ，歯数Zとして，添字m，aはそれぞれモータ入力軸，アーム出力軸を表すものとする．

モータ入力軸での運動方程式は次式で表せる．

$$\tau_m(t) = J_m \frac{d^2\theta_m(t)}{dt^2} + D_m \frac{d\theta_m(t)}{dt} + \frac{\tau_i(t)}{n} \tag{6・2}$$

ここで，τ_iはアーム側からの作用トルクであり，$n = Z_a/Z_m$である．

式（6・2）の簡略化のために次のように記述する．

$$\tau_m = J_m \ddot{\theta}_m + D_m \dot{\theta}_m + \tau_i/n \tag{6・3}$$

τ_iは，伝達損失はないものとして，次式で与えられる．

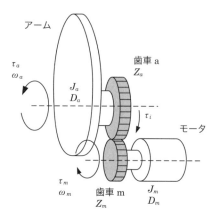

アーム

τ_a
ω_a

J_a
D_a

歯車 a
Z_a

τ_i

モータ

τ_m
ω_m
歯車 m
Z_m

J_m
D_m

◆ **図 6・1** 関節モデル図 ◆

$$\tau_i = J_a \ddot{\theta}_a + D_a \dot{\theta}_a \tag{6・4}$$

$$\theta_m = n\theta_a, \quad \tau_a = n\tau_m \tag{6・5}$$

したがって，モータ軸から見た運動方程式は次式となる．

$$\tau_m = \left(J_m + \frac{J_a}{n^2}\right)\ddot{\theta}_m + \left(D_m + \frac{D_a}{n^2}\right)\dot{\theta}_m \tag{6・6}$$

これより減速機があると，入力軸では出力軸の負荷が減速比 n の 2 乗分の 1 と小さくなることがわかる．また，式（6・5）から出力軸から見た運動方程式は次式のように書ける．

$$\tau_a = (J_a + n^2 J_m)\ddot{\theta}_a + (D_a + n^2 D_m)\dot{\theta}_a \tag{6・7}$$

通常の産業用ロボットの減速比は 100 程度であるので，モータ軸では出力側の負荷変動は 1/10 000 程度と無視できるレベルとなる．これより多リンク機構のロボットアームにおいても，各軸のモータ制御の延長で考えれば実用上差し支えないといえる．

したがって，式（6・6）から 1 関節の運動方程式は次式となる．ただし，モータ入力軸から見た運動方程式であることに注意すること．

$$J\ddot{\theta}_m + D\dot{\theta}_m = u_m \tag{6・8}$$

ここで，$u_m(=\tau_m)$：トルク指令値

$J = J_m + \dfrac{J_a}{n^2}$：モータ軸換算慣性モーメント

$D = D_m + \dfrac{D_a}{n^2}$：モータ軸換算粘性摩擦係数

6-2 運動方程式のパラメータを同定しよう

　次に式（6・8）のダイナミクスで表される関節モデルに対して，**速度・位置制御系**の設計方法について説明する．それには，まず慣性モーメント J，粘性摩擦係数 D の値を知る必要がある．J は機構設計でモータ選定時に計算されているはずであるが，アームを構成する部品は複雑な形状なので精度良く計算するのは難しい．また，D については事前に計算で求めることは困難である．そこで，組み上がった各関節を 1 軸ずつ動作させて，そのときのトルク指令値 u_m とモータ角度 θ_m のデータから J，D を求める．このように，実データから運動方程式のパラメータを算出することを**パラメータ同定**という．

　まず，パラメータ同定や制御系の設計に都合が良いように式（6・8）をラプラス変換する．ラプラス変換を用いると系の応答など，特性を表す微分方程式を簡単に扱うことができる．ここで，ラプラス演算子（微分演算子ともいう）を s，初期値を 0 とすると次のように表せる．

$$\dot{\theta}(t) \rightarrow s\theta(s)$$
$$\ddot{\theta}(t) \rightarrow s^2\theta(s)$$

したがって，式（6・8）は次式となる．

$$Js^2\theta_m(s) + Ds\theta_m(s) = u_m(s) \tag{6・9}$$

　次に，トルク指令値 u_m からモータ軸回転角度 θ_m までの伝達関数として $G_P(s)$ を定義する．この場合，分母が 2 次，分子が 0 次なので**2 次遅れ系**といわれる．

$$G_P(s) \equiv \frac{\theta_m(s)}{u_m(s)} = \frac{1}{(Js+D)s} \tag{6・10}$$

　また，同様にトルク指令値 u_m からモータ軸回転角速度 $\dot{\theta}_m$ までの伝達関数は，

$$G_V(s) \equiv \frac{\dot{\theta}_m(s)}{u_m(s)} = \frac{1}{Js+D} \tag{6・11}$$

と定義される．これは，分母が1次，分子が0次なので**1次遅れ系**である．2つの伝達関数の関係は，次式に示されるように構造に依存するもので，この場合不変である．

$$G_P(s) = \frac{1}{s} G_V(s) \tag{6・12}$$

したがって，角速度のデータ $\dot{\theta}_m$ が得られれば，式（6・10）よりも簡単な式（6・11）だけで J と D を求めることができる．例えば，ステップ状のトルク指令値 u_m（つまり，一定の電流指令値）をモータに与えると，図5・8で説明したように $\dot{\theta}_m$ は**図6・2**のような応答を示す．

ここでは，このステップ応答を次のように逆ラプラス変換することで求める．ラプラス変換，逆ラプラス変換については制御工学の専門書を参照のこと[1]．

$$\mathcal{L}^{-1}\left[\frac{1}{s} G_V(s)\right] = \mathcal{L}^{-1}\left(\frac{1}{s} \cdot \frac{1}{Js+D}\right) = \mathcal{L}^{-1}\left[\frac{1}{D}\left(\frac{1}{s} - \frac{1}{s+D/J}\right)\right]$$

$$= \frac{1}{D}\left(1 - e^{-\frac{D}{J}t}\right) \tag{6・13}$$

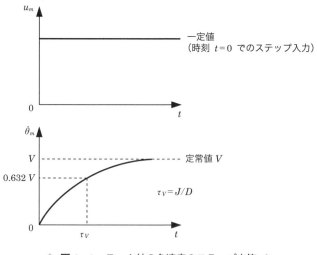

◆ **図6・2** モータ軸の角速度のステップ応答 ◆

これより,

$$\dot{\theta}_m = \frac{u_m}{D}\left(1 - e^{-\frac{D}{J}t}\right) \tag{6・14}$$

となる．したがって，$\dot{\theta}_m$ の定常値を V とすると，

$$\hat{D} = \frac{u_m}{V} \tag{6・15}$$

のように D が求められる．また，図 6・2 に示すようなグラフから時定数 τ_V（$= J/D$）を読み取れば，次式から J も求められる．

$$\hat{J} = \hat{D} \cdot \tau_V \tag{6・16}$$

ここで，$\hat{D}$，$\hat{J}$ は同定値を表し，真値と区別する．

以上のパラメータ同定で注意することは，いくつかの u_m を与えて得られた J，D の平均値を取ることと，ロボットの各関節の動作範囲に注意して実験することである．また，モータ角速度はエンコーダなどのモータ角度のデータ θ_m を差分して求めてもよい．パソコンなどを用いて一定のサンプル時間 ΔT（例えば 1 ms）で θ_{m_i} $(i = 0, 1, 2, \cdots)$ を収集したとすれば，モータ角速度データは次式のように求まる．

$$\left.\begin{aligned} \dot{\theta}_{m_i} &= \frac{\theta_{m_i} - \theta_{m_{i-1}}}{\Delta T} \qquad (i = 1, 2, 3, \cdots) \\ \dot{\theta}_{m_i} &= 0 \qquad\qquad\quad (i = 0) \end{aligned}\right\} \tag{6・17}$$

6-3 位置・速度制御系を設計しよう

パラメータ J，D が求められたので，式（6・8）より入力トルクを入れたときの系の挙動を推定することができる．次に，安定で速応性の高い系となるように制御系を構成しよう．5-5 節でカスケード制御の説明をしたが，電流制御はすでに施されているとすれば，速度制御系と位置制御系を設計することになる．ここで，設計とは制御系の構成を決め，各構成要素のパラメータ（制御ゲイン）を決めることとする．

1 速度制御系の検討

式（6・11）で表された制御対象に対して速度制御系を考える．まず，**図 6・3** に

示す比例(P)フィードバック制御を検討してみよう.

　このとき，速度目標値 $\dot{\theta}_{mr}$ から $\dot{\theta}_m$ までの**閉ループ伝達関数**は，P 制御ゲイン K_{PV} を用いると次式となる.

$$\frac{\dot{\theta}_m(s)}{\dot{\theta}_{mr}(s)} = \frac{K_{PV}}{Js + D + K_{PV}} \qquad (6 \cdot 18)$$

時刻 $t \to \infty \, (s = 0)$ では，

$$\frac{\dot{\theta}_m}{\dot{\theta}_{mr}} = \frac{K_{PV}}{D + K_{PV}} \neq 1 \qquad (6 \cdot 19)$$

となり，**図 6・4** に示すように目標値 $\dot{\theta}_{mr}$ に収束しないことがわかる．$K_{PV} \to \infty$ $(s = 0)$ では式 (6・19) を 1 にできるが，現実的には不可能である．そこで，**図 6・5** に示すように P 制御を I（積分）制御に変えてみよう．

　I 制御ゲイン K_{IV} を用いると閉ループ系は，

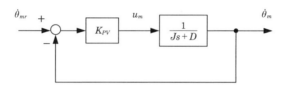

◆ **図 6・3**　P 制御による速度制御系 ◆

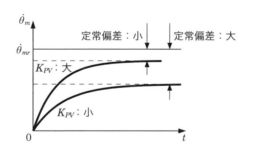

◆ **図 6・4**　P 制御系のステップ応答 ◆

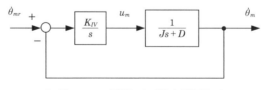

◆ **図 6・5**　I 制御による速度制御系 ◆

$$\frac{\dot{\theta}_m(s)}{\dot{\theta}_{mr}(s)} = \frac{K_{IV}}{Js^2 + Ds + K_{IV}} \tag{6・20}$$

となり，時刻 $t \to \infty (s = 0)$ では，

$$\frac{\dot{\theta}_m}{\dot{\theta}_{mr}} = \frac{K_{IV}}{K_{IV}} = 1 \tag{6・21}$$

のように目標値に収束することがわかる．これは積分器を1個入れたことによって，ステップ状の目標値に対して**定常偏差**がなくなったためである．この場合，**1形サーボ系**と呼ばれ，先の積分器はステップ状の目標値（ラプラス変換すると $1/s$ になる）の内部モデルになっている．このように，目標値のラプラス変換と同じものが制御系に含まれていれば，その目標値に定常偏差なく追従できる．これを**内部モデル原理**という[1]．

次に，I制御ゲイン K_{IV} を変化させたときの図6・5のステップ応答を調べてみよう．

図6・6のように，K_{IV} を大きくしていくと振動的な応答（ハンチング）になる．この応答は，次に述べるように式（6・20）の右辺の分母を0とした方程式（**特性方程式**という）の根で支配されており，複素数だと振動する．振動しない

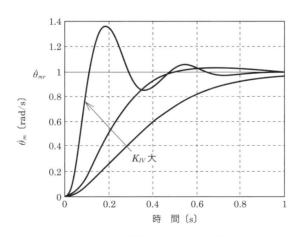

◆ **図 6・6** I制御系のステップ応答 ◆

条件は，

$$D^2 - 4K_{IV}J \geqq 0$$

$$\therefore \quad K_{IV} \leqq \frac{D^2}{4J}$$

$$(6 \cdot 22)$$

となる．

さらに，式（6・22）を緩和し応答性を高めるために，図6・5にP制御ゲイン K_{PV} を追加すると，**図6・7**のようになる．この制御系はI-P制御系という[2]．

図6・7の閉ループ系の伝達関数は，

$$\frac{\dot{\theta}_m(s)}{\dot{\theta}_{mr}(s)} = \frac{K_{IV}}{Js^2 + (D + K_{PV})s + K_{IV}}$$

$$(6 \cdot 23)$$

となり，式（6・21）も同様に成り立つ．

ここで，式（6・23）の伝達関数の特性を調べるために，次式のように固有振動数 ω_n，減衰係数 ζ を用いて書き換える．

$$\frac{\dot{\theta}_m(s)}{\dot{\theta}_{mr}(s)} = \frac{\omega_n^2}{s^2 + 2\zeta\omega_n s + \omega_n^2}$$

$$(6 \cdot 24)$$

$$\omega_n = \sqrt{\frac{K_{IV}}{J}}$$

$$(6 \cdot 25)$$

$$\zeta = \frac{1}{2}\sqrt{\frac{J}{K_{IV}}} \cdot \frac{D + K_{PV}}{J} = \frac{D + K_{PV}}{2\sqrt{K_{IV}J}}$$

$$(6 \cdot 26)$$

式（6・24）における特性方程式の根は，

$$s = -\zeta\omega_n \pm \omega_n\sqrt{\zeta^2 - 1}$$

$$(6 \cdot 27)$$

となる．式（6・22）に相当する応答が振動しない条件は，

$$\zeta^2 - 1 \geqq 0$$

$$(6 \cdot 28)$$

である．式（6・26）より，

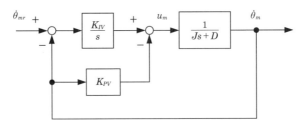

◆ **図6・7**　I-P制御による速度制御系 ◆

$$\zeta = \frac{D+K_{PV}}{2\sqrt{K_{IV}J}} \geqq 1 \tag{6・29}$$

の関係が保たれていれば（式（6・22）と異なり），制御ゲイン K_{IV}, K_{PV} をいくら大きくしても応答が振動的にならないことがわかる．**図6・8**に ζ の値を変化させたときのステップ応答を示す．時間軸は ω_n で正規化している．これより，減衰係数 ζ が小さいほど振動的で，固有振動数 ω_n が大きいほど（正規化しているので t は小さくなる）応答性が良いことがわかる．

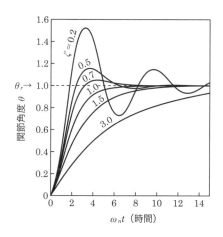

◆　**図6・8**　I-P 制御系のステップ応答　◆

　以上より，2つの制御ゲイン K_{IV}, K_{PV} で固有振動数 ω_n と減衰係数 ζ を調整することが可能である．

　一般に，2次遅れ系では特性根の値によって応答に3つの場合が存在する．すなわち，① 異なる実数根がある（$\zeta > 1$），② 異なる複素根がある（$\zeta < 1$），③ 重根がある（$\zeta = 1$）場合である．実数根がある場合には系の応答は緩やか，複素根がある場合には系の応答は振動的，重根がある場合は振動せず最も速い応答が得られ，**臨界制動**という．また，特性方程式の各係数が正のとき，系は安定であることが知られている．なお，実際には ω_n は系の機械共振周波数の制約を受けることになるので，K_{IV}, K_{PV} はいくらでも大きくできるわけではない．

2 ┃ 位置制御系の設計

　次に位置制御系を考えよう．**図6•9**のように速度制御系の外側にP制御を構成すると，位置目標値θ_{mr}からモータ角度θ_mまでの閉ループ伝達関数は，

$$\frac{\theta_m(s)}{\theta_{mr}(s)} = \frac{K_{PP}K_{IV}}{Js^3 + (D+K_{PV})s^2 + K_{IV}s + K_{PP}K_{IV}} \tag{6・30}$$

となり，時刻$t \to \infty(s=0)$のときの定常偏差も0となる．これは速度制御系のときと異なり，速度→位置の構造的な積分器があるので，比例制御だけでも定常偏差が残らないためである．結局，制御則は次式となる．この右辺はI-PD制御系になっている．[ ]内の$\dot\theta_m$は$s\theta_m$に置き換えた．

$$u_m = \frac{K_{IV}}{s}\left[K_{PP}(\theta_{mr}-\theta_m)-\dot\theta_m\right]-K_{PV}\dot\theta_m$$

$$= \frac{K_{IV}K_{PP}(\theta_{mr}-\theta_m)}{s} - K_{PV}\dot\theta_m - K_{IV}\theta_m \tag{6・31}$$

　さて，式（6•30）は3次遅れの系（分母3次，分子0次）であるので，先の2次遅れの場合と異なり，ステップ応答での解析は難しくなってくる．しかし，応答が臨界制動（振動せずに一番速い応答）に近い条件として，式（6•30）の特性方程式が3重根を持つもの（**2項モデル**と呼ばれる[2]）を選ぶと簡単に求まる．ここでは，この条件を利用してK_{PP}，K_{IV}，K_{PV}を決めることにする．3重根を持つ特性方程式は，

$$(s+\lambda)^3 = s^3 + 3\lambda s^2 + 3\lambda^2 s + \lambda^3 = 0 \tag{6・32}$$

であるから，式（6•30）の分母，分子をJで割ったものの特性方程式と係数を

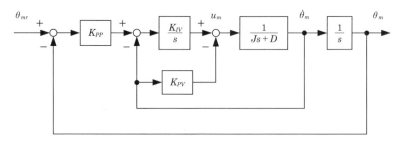

◈ **図6•9**　速度I-P制御系＋位置P制御系 ◈

比較すると，

$$\frac{D+K_{PV}}{J} = 3\lambda \tag{6・33}$$

$$\frac{K_{IV}}{J} = 3\lambda^2 \tag{6・34}$$

$$\frac{K_{PP}K_{IV}}{J} = \lambda^3 \tag{6・35}$$

が得られる．この連立方程式を解くと，

$$K_{PP} = \frac{\lambda}{3} \tag{6・36}$$

$$K_{PV} = 3\lambda J - D \tag{6・37}$$

$$K_{IV} = 3\lambda^2 J \tag{6・38}$$

となる．ここで，K_{PP} は式（6・36）より λ が与えられると J，D によらず一意に決まることに注目する．λ は応答の速さを設計者が指定するものであるから，λ の代わりに K_{PP} を指定してもよいことになる．K_{PP} は位置制御応答の速さを示すゲインで，そのまま ω の次元を持つことが知られている（式（6・24）の ω_n と等価なものである）．そこで，式（6・36）〜（6・38）を書き直すと，J，D の同定値を用いて，

$$\left.\begin{array}{l} K_{PV} = 9K_{PP}\hat{J} - \hat{D} \\ K_{IV} = 27K_{PP}^2\hat{J} \end{array}\right\} \tag{6・39}$$

ここで，K_{PP}：設計者の指定

と求まる．したがって，式（6・15），（6・16），（6・39）を組み合わせれば，臨界制動の特性を持った位置制御系が速度制御系とともに設計できることになる．

> ## リフレッシュ 17　PI 制御と I-P 制御
>
> 　**PI 制御**は，目標値とフィードバック値の偏差に対して PI 演算を行う制御，**I-P 制御**は，目標値とフィードバック値の偏差に対して I 制御を行い，フィードバック値に対する P 制御を行って，先の I 制御演算結果から減ずる制御である．I-P のハイフン以下は，フィードバック値に対して制御演算をするという構造を示している．例えば，位置の P-D 制御といえば，D 制御はフィードバック値にしかかからないことになり，PD 制御と区別される．トライアル **6・5** も参照のこと．

6-4　機械共振を考慮したモデル化と制御ゲインの関係

　6-3節で位置制御系が構成できたが，式（6・39）を見る限り，位置制御ゲイン K_{pp} はいくらでも大きくできることになる．しかし，実際にはそれは不可能である．これにはいろいろな要因があるが，主要なものは**機械共振**である．以下，その性質を調べてみよう．

　図6・1のモデルは関節を剛体と考えていた．しかし，ハーモニックドライブ減速機やタイミングベルトなどを見てもわかるように，減速機構は剛体ではない．図6・1の関節を**図6・10** のようにモデル化する．ここで，新しく定義したのは，関節ばね定数 K_g とばねのねじれ量に対する粘性摩擦係数 D_g である．このように2つの慣性の間にばねが1つ入ったモデルを**2慣性系**と呼ぶ．図6・1のように関節が剛体であるモデルは1慣性系と呼ぶ．

　図6・10からブロック線図を構成すると，**図6・11** のようになる．これは次の2式をラプラス変換して得られるものである[3]．

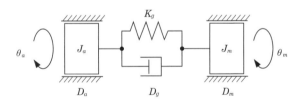

◆ **図 6・10**　関節剛性を考慮したモデル（2慣性系）◆

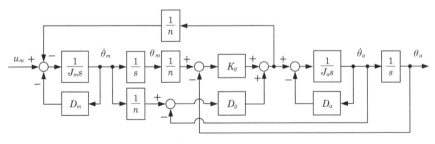

◆ **図 6・11**　関節剛性を考慮したブロック線図 ◆

$$J_a\ddot{\theta}_a + D_a\dot{\theta}_a = K_g\left(\theta_a - \frac{\theta_m}{n}\right) + D_g\left(\dot{\theta}_a - \frac{\dot{\theta}_m}{n}\right) \tag{6・40}$$

$$J_m\ddot{\theta}_m + D_m\dot{\theta}_m = u_m - \frac{1}{n}\left[K_g\left(\theta_a - \frac{\theta_m}{n}\right) + D_g\left(\dot{\theta}_a - \frac{\dot{\theta}_m}{n}\right)\right] \tag{6・41}$$

u_m から θ_m までの伝達関数 $G_P(s)$ を計算すると次式となる.

$$G_P(s) = \frac{\theta_m(s)}{u_m(s)} = \frac{b_0 + b_1 s + b_2 s^2}{(a_0 + a_1 s + a_2 s^2 + a_3 s^3)s} \tag{6・42}$$

ここで, 式 (6・42) の各係数は次のとおりである.

$$\left.\begin{aligned}
a_0 &= D_m + \frac{D_a}{n^2} \\
a_1 &= J_m + \frac{J_a}{n^2} + \frac{1}{K_g}\left(\frac{D_g D_a}{n^2} + D_m D_a + D_m D_g\right) \\
a_2 &= \frac{1}{K_g}\left(J_m D_a + J_m D_g + J_a D_m + \frac{J_a D_g}{n^2}\right) \\
a_3 &= \frac{J_m J_a}{K_g} \\
b_0 &= 1 \\
b_1 &= \frac{D_a + D_g}{K_g} \\
b_2 &= \frac{J_a}{K_g}
\end{aligned}\right\} \tag{6・43}$$

$K_g \to \infty$ とすると剛体パラメータを与える式 (6・8) に一致する.

次に, $G_P(s)$ のボード線図を描いてみよう.

図 6・12 の実線は K_g が無視できないときの $G_P(s)$ (分母4次, 分子2次), 点線は $K_g \to \infty$ の剛体モデルの場合の $G_P'(s)$ (分母2次, 分子0次) のボード線図である. ω_0 までの周波数では両者はほぼ一致するが, それ以上では $G_P(s)$ において ω_Z で反共振, ω_P で共振が起こっている. ここで, ω_Z は分子の特性方程式の根 (**零点**という), ω_P は分母の特性方程式の根 (**極**という) から求められる.

それでは, これらのモデルを用いて 6-3 節で設計した位置制御系を評価してみよう. **図 6・13** は, 位置制御の設計パラメータ K_{PP} の大きさを変えてシミュレーションしたものである. ここでは, 図 6・9 をそのまま用いたので K_{PP} の大小にかかわらず臨界制動が達成されている. 一方, **図 6・14** は図 6・9 の制御対象 (2

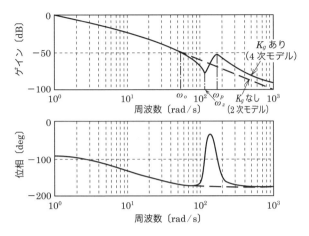

◈ **図6・12** K_g とボード線図 ◈

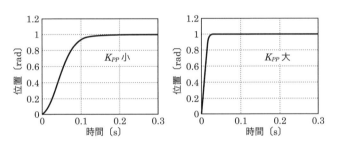

◈ **図6・13** シミュレーション（K_g なし）◈

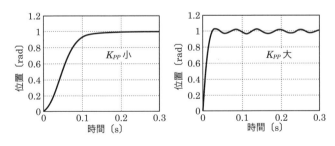

◈ **図6・14** シミュレーション（K_g あり）◈

次の $1/(Js+D)s$ を4次の $G_P(s)$ に入れ替えてシミュレーションしたものである．K_{PP} が小さいときは図6・13と同じ応答が得られているが，K_{PP} を大きくした（ω_z 付近に設定）場合は，機械共振の影響を受けて減衰が悪いことがわかる．

以上から K_{pp} は ω_z より上げられないことがわかる. 具体的には K_{pp} の設定は図 6・12 の ω_0 近辺, すなわち $\omega_z/2$ 以下程度にする必要がある. なお, ω_z はサーボアナライザやシステム同定[4), 5)]による周波数応答から得られる. 簡単には, J_a の設計値と K_g のカタログ値から $\omega_z = \sqrt{K_g/J_a}$ と求められる.

6-5 目標軌道生成とフィードフォワードの効果

6-4 節までは位置目標値がステップ状に変化するものとして制御系を構成し, 臨界減衰するように制御ゲインを求めた. しかし, 実際の目標値はモータトルクが飽和しないように加減速を考慮して軌道生成される. この軌道生成には時刻 t の多項式を利用した曲線が用いられるので, 内部モデル原理に基づき 2 形, 3 形, ……のサーボ系を構成することが考えられる. しかし, 位相を 90° 遅らせる積分器を 2 個以上入れると軌道の最終目標値に到達するときにオーバシュートするので好ましくない. 一方, 制御ゲイン自体を上げれば目標軌道に対する追従特性は良くなるが, 6-4 節で述べたように機械共振現象によって制御ゲインには上限が存在する. そこで, 本節では先に設計した(フィードバック)制御ゲインはそのままで, フィードフォワードという手法を用いて, 目標軌道への追従特性を向上させる方法について説明する.

1 台形加減速軌道と S 字加減速軌道

駆動モータのトルクには上限があり, ステップ状の位置目標値や速度目標値では 1 回に微小な動作しかできない. また, ステップ状の目標値には高周波成分が多く含まれているため, 関節が振動しやすくなり機構に与えるダメージも大きい. そこで, 時刻 t の多項式を用いた目標軌道生成について考える. **図 6・15** は**台形加減速パターン**と呼ばれるもので, 加速度パターンは 0 次, 速度パターンは 1 次, 0 次の多項式を, 位置パターンは 2 次, 1 次の多項式をつないだものである. 各多項式の係数は図 5・11 のモータの特性から決定する. この台形加減速パターンはモータの能力(最高速度 $\dot{\theta}_{max}$, 最大加速度 $\ddot{\theta}_{max}$)を最も引き出せる目標軌道といえるが, 加速度がステップ状でまだ高周波が多く, 先に述べたような

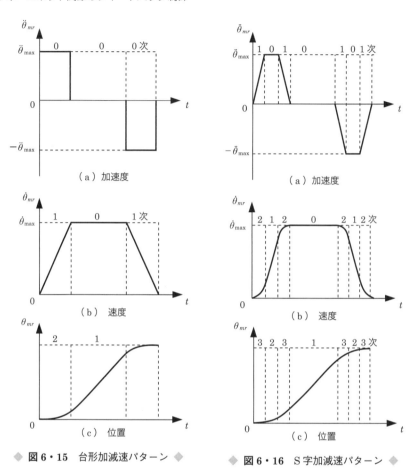

◆ **図 6・15** 台形加減速パターン ◆

◆ **図 6・16** S字加減速パターン ◆

関節剛性による振動を励起しやすい。そこで考えられたのが**図 6・16** に示す**S字加減速パターン**であり，加速度が 1，0 次，速度が 2，1，0 次，位置が 3，2，1 次の多項式を接続したものとなっている。S字加減速は台形加減速より若干動作時間がかかるが，最大加速度 $\ddot{\theta}_{\max}$ を少し大きくすればよいだろう。

次に，図 6・9 の制御系に図 6・16 の S字加減速による位置目標値を与えたときの応答を見てみよう。**図 6・17** は，位置と速度の応答波形を目標値に重ねたものである。最高速度に達するまでに速度偏差が生じており，それに伴い最終目標位置に達するのが遅れていることがわかる。1 形サーボ系では目標値が一定になっ

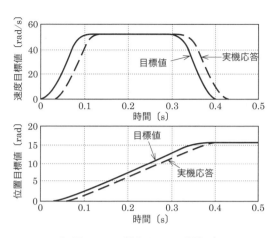

◆ **図 6・17 溜まりパルス現象** ◆

たときに定常偏差を 0 にする機能しかないからである．図 6・9 で説明すると，モータが目標速度パターンに追従するためには K_{pp} の出力（速度ループへの目標値）のところに 0 でない値を持っている必要があり，それは位置偏差（$\theta_{mr} - \theta_m$）を持たなければならないということである．この位置偏差は溜まりパルスといわれ，フィードバック制御だけで軌道制御する場合には避けて通れないものである．

　また，S 字加減速の場合には最終目標値近辺での位置目標値の変化が緩やかなので，なかなか位置偏差が収束しないことがある．このため，目標値が最終値に達した後，位置偏差がある範囲内に入ったら位置ゲイン K_{pp} を 3 倍の値にするなどの**ゲインスケジューリング法**が採用されることもある．

　さらに，**図 6・18** のように，速度制御系に比例ゲイン K_{FV} をつけて FF-I-P 制御系[2] として，速応性を上げる方法もある．ステップ応答ではオーバシュートが若干増えることになるが，加減速を用いた軌道制御ではあまり問題にならないだろう．$K_{FV} = K_{PV}$ とすると PI 制御と呼ばれる形になる．一般に速応性の面では PI 制御のほうもよく使われている．ここで示した FF-I-P 制御系は **2 自由度制御系**と呼ばれ，応答の仕様に応じて，$0 \leq K_{FV} \leq K_{PV}$ の間で細かくチューニングすることができる．詳しくは制御工学の専門書を参照のこと[2]．

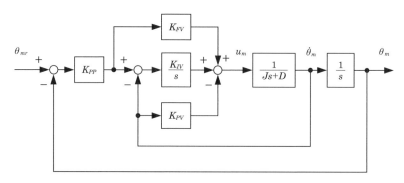

◆ **図6・18**　速度 FF-I-P 制御系＋位置 P 制御系（$K_{FV} = K_{PV}$ のとき PI 制御となる）◆

2 ｜ フィードフォワードの効果

　では，軌道追従誤差を減らすにはどうすればよいだろうか？　それには，**図 6・19** に示したように位置・速度・加速度目標値をトルク指令へフィードフォワ

リフレッシュ 18　**PD 制御について**

　ロボットの教科書の制御で，必ず出てくるのが関節角位置の PD（比例・微分）制御である．しかし，ティーチングプレイバックを基本とする産業用ロボットではほとんど使われない．これは，I（積分）制御が入っていないため繰返し精度が出ないからである．この教科書と実際とのギャップは，次の2つの違ったアプローチから生まれたと考えられる．

① 　ロボットの位置制御の場合，速度→位置の構造的な積分器があるので，理論上は PD 制御だけで1形サーボ系が構成でき，ステップ状の位置目標値に対して定常偏差が出ない．わざわざ位置制御系の安定性の証明を難しくする（位相を 90° 遅らせる）積分器を入れる必要がなかった．

② 　産業用ロボットのコントローラには，各軸モータの速度制御をするサーボドライバが内蔵されている．速度制御系では，1形のサーボ系にするために積分器を入れることが必須で，PI 制御が自然な形で導入された．この積分器が外側の位置制御系にも効いて，静摩擦などによる定常偏差をなくすのに役立った．

　調整のしやすさからみると，位置 PD 制御系を調整して後から I 制御を入れるのと，速度 PI 制御を調整してから外側に位置 P 制御を入れるのとでは，後者のほうがずっと簡単である．

ードすればよい．同図は一見複雑に見えるが考え方は簡単で，もとのフィードバック系の各要素の遅れを補償するということである．まず，$\hat{J}$を用いた加速度フィードフォワードは，慣性Jによる応答遅れを補償している．次に速度フィードフォワードのうち$\hat{D}$は粘性摩擦Dによる遅れを，K_{RV}はK_{PV}を，K_{RP}はK_{IV}をそれぞれ補償している．$K_{RV}=K_{PV}$，$K_{RP}=1$とし，$\hat{J}=J$，$\hat{D}=D$であれば，図6・19の軌道追従誤差は理論上0になる．ただし，実際には各関節のモデルは式（6・30）のような高次の式で表されるので，完全には軌道追従誤差は取れない．さらに，フィードフォワードを強くすると関節の振動を励起しやすくなるので，例えば，$\hat{J}$を$0.5\hat{J}$とし，$K_{RP}=0.3$，$K_{RV}=K_{PV}$程度がよい．

結局，駆動トルクは次式で与えられる．［　］内のドットはラプラス演算子に置き換えている．

$$u_m = \hat{J}\ddot{\theta}_{mr} + \hat{D}\dot{\theta}_{mr} + K_{RV}\dot{\theta}_{mr} + \frac{K_{IV}}{s}\left[K_{PP}(\theta_{mr}-\theta_m) + K_{RP}\dot{\theta}_{mr} - \dot{\theta}_m\right]$$

$$- K_{PV}\dot{\theta}_m$$

$$= \hat{J}\ddot{\theta}_{mr} + \hat{D}\dot{\theta}_{mr} + K_{RV}\dot{\theta}_{mr} + K_{IV}K_{RP}\theta_{mr} + \frac{K_{IV}K_{PP}}{s}(\theta_{mr}-\theta_m) - K_{IV}\theta_m$$

$$- K_{PV}\dot{\theta}_m \tag{6・44}$$

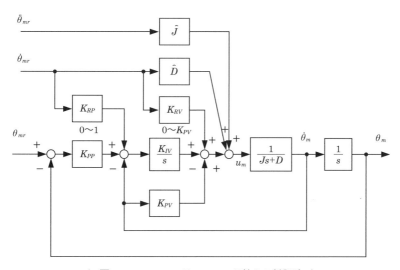

◈ **図6・19** フィードフォワード付きの制御系 ◈

ここで，$K_{RV}=K_{PV}$，$K_{RP}=1$ とすると，次式の右辺の第3項から PID 制御の構成になる．

$$u_m = \hat{J}\ddot{\theta}_{mr} + \hat{D}\dot{\theta}_{mr} + \left(\frac{K_{PP}K_{IV}}{s} + K_{IV}\right)(\theta_{mr} - \theta_m) + K_{PV}(\dot{\theta}_{mr} - \dot{\theta}_m) \quad (6\cdot45)$$

6-6　外乱オブザーバとは何か

6-5節までは，慣性モーメントや粘性摩擦係数といったパラメータ同定に基づいて速度 FF-I-P 制御系を設計した．しかし，実際には同定誤差や慣性モーメントの変動があり，粘性摩擦トルク以外の摩擦トルクやリンクに加わる外乱トルクも存在する．この節では，このような外乱の影響を抑制しながら精度良く制御できる，**外乱オブザーバ**[6] に基づく制御系を紹介する．そして，1慣性系に対する外乱オブザーバは，前述した速度 FF-I-P 制御系を導くことを説明する．オブザーバとは，センサなどで直接観測できない状態量をモデル（運動方程式）に基づいて推定する演算である．モデルに加わる外乱を推定する外乱オブザーバは，モーションコントロール[7] と呼ばれる分野では，中心的な役割を果たしている．

1慣性系の運動方程式のラプラス変換，式（6・9）において，慣性モーメント J の同定値 $\hat{J}$ による慣性トルク以外のトルクをまとめて外乱トルクとおく．

$$\hat{J}s\dot{\theta}_m(s) + \tau_d(s) = u_m(s) \quad (6\cdot46)$$

ここで，$J = \hat{J} + \Delta J$ であり，ΔJ には同定誤差や慣性モーメントの変動を含む．また，$\tau_d(s) = \Delta Js\dot{\theta}_m(s) + D\dot{\theta}_m(s) + \tau_f(s)$ であり，τ_f には粘性摩擦トルク以外の摩擦トルクやリンクに加わる外乱トルクが含まれる．式（6・46）を変形すると，

$$\tau_d(s) = u_m(s) - \hat{J}s\dot{\theta}_m(s) \quad (6\cdot47)$$

となり，モータ角速度の微分（モータ角加速度）を計測すれば，外乱トルク τ_d が逆算できることになる．しかし，例えば，式（6.17）のようにモータ角度エンコーダの差分で求めた $\dot{\theta}_m$ を，さらに微分することは，高周波雑音の影響を大きく受ける．そこで，ローパスフィルタとして1次遅れ要素 $1/(1+T_d s)$ を挿入し，外乱トルク τ_d の低周波成分の推定値としての $\hat{\tau}_d$ を次のようにして求める．

$$\hat{\tau}_d(s) = \frac{1}{1+T_d s}\left(u_m(s) - \hat{J}s\dot{\theta}_m(s)\right)$$

$$= \frac{1}{1+T_d s}u_m(s) - \frac{\hat{J}s}{1+T_d s}\dot{\theta}_m(s) \tag{6·48}$$

式（6・48）を1慣性系に対する外乱（推定）オブザーバと呼ぶ．外乱オブザーバの醍醐味は，外乱を推定するだけでなく，新しい入力 $\bar{u}_m$ を定義して，

$$u_m(s) = \bar{u}_m(s) + \hat{\tau}_d(s) \tag{6·49}$$

のようにして，推定外乱 $\hat{\tau}_d$ によって外乱 τ_d を打ち消す制御をすることにある．これをブロック線図で表すと，**図6·20**のようになる．式（6·17）の要領で，ラプラス変換要素 s を差分近似することによって，式（6·48）は容易に実現できる．ローパスフィルタの時定数 T_d は，推定できる外乱周波数の上限を決める重要な定数である．T_d が小さいほど，外乱オブザーバの性能が高いことになるが，高周波ノイズ抑制とのトレードオフになる．さらに，図6·20のブロック図を変

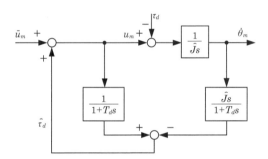

◆ **図6・20** 1慣性系に対する外乱オブザーバに ◆
基づく推定外乱フィードバック

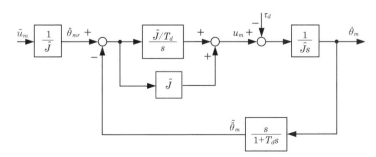

◆ **図6・21** 推定外乱フィードバックに等価な加速度 PI 制御系 ◆

形すると**図6・21**のようになり，1慣性系に対する外乱オブザーバによる外乱消去は，ローパスフィルタで推定された角加速度のフィードバックに基づく PI 制御系に等価であることがわかる（トライアル **6・7** 参照）．

ここで，推定外乱で外乱消去された系に対して，6-3 節と同様に，比例ゲイン K'_{PV} による P 制御を用いた角速度フィードバック制御系を構成してみよう．

$$\bar{u}_m(s) = K'_{PV}(\dot{\theta}_{mr}(s) - \dot{\theta}_m(s)) \tag{6・50}$$

を式（6・49）に代入し，式（6・48）を用いて整理すると，

$$\left(1 - \frac{1}{1+T_d s}\right)u_m = K'_{PV}(\dot{\theta}_{mr} - \dot{\theta}_m) - \frac{\hat{J}s}{1+T_d s}\dot{\theta}_m$$

から，

$$u_m = K'_{PV}\left(1 + \frac{1}{T_d s}\right)(\dot{\theta}_{mr} - \dot{\theta}_m) - \frac{\hat{J}}{T_d}\dot{\theta}_m$$

$$= K'_{PV}(\dot{\theta}_{mr} - \dot{\theta}_m) + \frac{K'_{PV}/T_d}{s}(\dot{\theta}_{mr} - \dot{\theta}_m) - \frac{\hat{J}}{T_d}\dot{\theta}_m$$

$$= K'_{PV}\dot{\theta}_{mr} + \frac{K'_{PV}/T_d}{s}(\dot{\theta}_{mr} - \dot{\theta}_m) - \left(K'_{PV} + \frac{\hat{J}}{T_d}\right)\dot{\theta}_m \tag{6・51}$$

が導かれる．このブロック図を**図6・22**に示す．同図から明らかなように，1慣性系に対する外乱オブザーバによる推定外乱フィードバックした系に P 制御による角速度フィードバックを施した制御系は，図6・18 に示した角速度の FF-I-P 制御系と等価である．外乱オブザーバの場合，6-3 節で導いた結果と比べ，より自然な形で積分制御が導入されることが特長であり，1形サーボ系のわかりやす

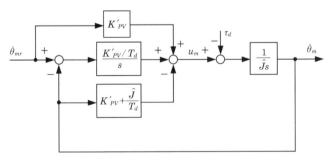

◆ **図6・22** 推定外乱フィードバック＋速度 P 制御系に ◆
等価な速度 FF-I-P 制御系

い設計法の1つであると結論づけられる．逆に言えば，1慣性系に対する角速度の FF-I-P 制御系は，内部に外乱推定と消去機能を含み，角加速度 PI 制御系を内包しているということである．

さて，先の FF-I-P 制御系の設計法と整合をとるために，粘性摩擦係数 D を復活させ，外乱オブザーバによる外乱消去機能には任せずに，同定値 $\hat{D}$ を用いて粘性摩擦トルク推定分 $\hat{D}\dot{\theta}_m$ を消去しておく形に式（6・51）を変形すると，

$$u_m = K'_{PV}\dot{\theta}_{mr} + \frac{K'_{PV}/T_d}{s}(\dot{\theta}_{mr} - \dot{\theta}_m) - \left(K'_{PV} + \frac{\hat{J}}{T_d} - \hat{D}\right)\dot{\theta}_m \qquad (6・52)$$

となる．ブロック図を**図 6・23** に示す．図中の外乱トルク τ'_d は，粘性摩擦トルク推定分 $\hat{D}\dot{\theta}_m$ を差し引いた形で $\tau'_d = \Delta J s\dot{\theta}_m + \Delta D\dot{\theta}_m + \tau_f$ として再定義した．図 6・18 との対応は，

FF 制御　$K_{FV} \rightarrow K'_{PV}$

I 制御　　$K_{IV} \rightarrow K'_{PV}/T_d$

P 制御　　$K_{PV} \rightarrow K'_{PV} + \dfrac{\hat{J}}{T_d} - \hat{D}$ $\qquad (6・53)$

リフレッシュ 19　　制御理論は産業用ロボットにあまり貢献していない？

　産業用ロボットコントローラでは今も PID 制御の延長にある制御則が主流であるが，ハードウェアの進歩によって，PID 制御自体の性能も上がってしまったことが主因と考えられる．これには，メカニズムが軽量・高剛性になったこと，アナログからディジタルに置き換わってきた速度や電流制御系が FPGA や ASIC の進歩によって，横軸（サンプリング時間）に関してはほとんど連続（アナログ）に近くなったこと，縦軸（量子化）についてもセンサの高精度化や補間等の信号処理技術が大きく進歩したこと，などの要因が上げられる．当初，DC サーボよりトルクリップルなどの性能が劣っていた AC サーボも格段に進歩した．だから，制御理論は貢献していないか？　というとそうではない．制御理論に基づく CAE ツールが進歩し，従来の勘ではなく，システマティックに PID 制御系などが設計・実装・調整できるようになったのである．もちろん，CPU の高速化によってロボットの目標軌道生成もリアルタイムにいろいろなことができるようになり，カメラやレーザなどによるセンサフィードバックの枠組みも使えるようになったので，安定性を陽に考慮できる制御理論の活躍する場は広くなってきたといえる．

となる．FF-I-P 制御では，FF 制御のパラメータ K_{FV} に自由度があり，$0 \leqq K_{FV} \leqq K_{PV}$ の間で細かくチューニングする必要があったが，外乱オブザーバでは，$\dfrac{\hat{J}}{T_d} - \hat{D}$ の値で自動的に決まっているところに特長がある．また，6-4 節の議論と同様に，制御対象が1慣性系とは見なせず，2慣性系であった場合，外乱オブザーバで設定できるパラメータは制限されるので，注意が必要である．推定した外乱に1未満のゲインを掛けてフィードバックし，2慣性系での振動抑制をする方法も考えられている[6]．この場合，もはや1形サーボ系を導かないので，陽に積分器を付加する必要がある．

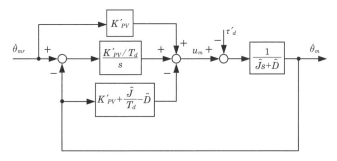

◈　**図 6・23**　粘性摩擦トルク消去を考慮した速度 FF-I-P 制御系　◈

6-7　振動抑制制御って，どうやるのか

　既に述べたように，ロボットの各関節に2慣性系のような機械共振があっても，速度制御ループにおいて（I-P 制御や PI 制御を含む）FF-I-P 制御系をうまく設計・調整してやれば，ある程度は振動を抑制することはできる．しかしながら，大型の負荷を扱うロボットでは機械共振周波数が低くなるために**残留振動**が長く続き，作業時間短縮の障害になってしまう．ここでは，既存の FF-I-P 制御への追加で実装できる**振動抑制制御**の方法を紹介する．

　図 6・10 の2慣性系の例では，アーム角 θ_a とモータ角 θ_m がねじれることによって振動が起こる．そこで，その軸ねじれトルクに対する粘性摩擦係数 D_g を見

かけ上大きくするような制御を施せば，振動を速やかに減衰できることになる．それには，アーム角速度 $\dot{\theta}_a$ とモータ角速度 $\dot{\theta}_m$ の差である，**軸ねじれ角速度** $\Delta\dot{\theta}$ を負フィードバックして，トルク（電流）指令値 u_m に重畳すれば良いことが知られている[8]．この軸ねじれ角速度フィードバックには，既存の FF-I-P 制御系を再設計・調整する必要がないという大きな利点がある．

しかし，$\dot{\theta}_m$ はモータエンコーダ値の差分で得られるが，$\dot{\theta}_a$ は外付けのセンサがなければ計測できない．そこで，2慣性系モデルの式（6・40），（6・41）に基づいて $\dot{\theta}_m$ と u_m から $\dot{\theta}_a$ を推定する次のような**状態オブザーバ**[1),9)] を構築する．

$$\hat{\ddot{\theta}}_a = \frac{1}{\hat{J}_a}\left[-\hat{D}_a\hat{\dot{\theta}}_a + \hat{K}_g\left(\hat{\theta}_a - \frac{\hat{\theta}_m}{n}\right) + \hat{D}_g\left(\hat{\dot{\theta}}_a - \frac{\hat{\dot{\theta}}_m}{n}\right) \right] \tag{6・54}$$

$$\hat{\ddot{\theta}}_m = \frac{1}{\hat{J}_m}\left[u_o - \hat{D}_m\hat{\dot{\theta}}_m - \frac{1}{n}\left\{\hat{K}_g\left(\hat{\theta}_a - \frac{\hat{\theta}_m}{n}\right) + \hat{D}_g\left(\hat{\dot{\theta}}_a - \frac{\hat{\dot{\theta}}_m}{n}\right)\right\} \right] \tag{6・55}$$

$$u_o = K_{PV}(\dot{\theta}_m - \hat{\dot{\theta}}_m) + K_{IV}\int(\dot{\theta}_m - \hat{\dot{\theta}}_m)dt + u_m \tag{6・56}$$

ここで，状態変数 $\hat{\theta}_a$ や $\hat{\theta}_m$ などの $\hat{}$ は推定値を示しており，物理パラメータ $\hat{J}_a$ や $\hat{K}_g$ などの $\hat{}$ は同定値を示している．式（6・55）の u_o は2慣性系モデルに対するトルク指令値で，（6・56）の PI 制御によって生成される．この PI 制御によって，推定値 $\hat{\dot{\theta}}_m$ が実測値 $\dot{\theta}_m$ に追従するようにオブザーバが動作する．

このオブザーバの PI 制御では，速度制御系の2自由度 FF-I-P 制御の P と I のゲインと同じものを選ぶ．この場合，追従性能の1自由度だけを考えれば良いので，FF=P のように PI 制御として設定する．式（6・54），（6・55）で得られる角加速度の推定値 $\hat{\ddot{\theta}}_a$ と $\hat{\ddot{\theta}}_m$ を積分（実際の制御ではサンプル時間毎に数値積分）すれば，$\hat{\dot{\theta}}_a$ などを推定することができる．そこで，u_m に

$$u_t = -K_{TV}(n\hat{\dot{\theta}}_a - \hat{\dot{\theta}}_m) \tag{6・57}$$

で得られる軸ねじれ角速度フィードバックトルクを重畳すれば，振動抑制制御系が構成できる．ここで，K_{TV}（>0）は軸ねじれ角速度フィードバックの比例ゲインである．モータ速度制御系全体のブロック図は，**図6・24** のようになる．同図から明らかなように，オブザーバ用のモデルは図6・11と等価であり，オブザーバ用 PI 制御も速度制御系と等価である．つまり，このオブザーバは，速度制御された実機のシミュレータそのものであることがわかる．

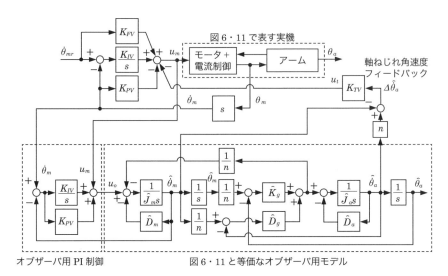

◆ **図6・24** 状態オブザーバで推定した軸ねじれ角速度フィードバックを追加した ◆
モータ角速度 FF-I-P 制御系のブロック図

通常，**オブザーバゲイン**は速度制御ゲインとは別に設定する必要があるが[1]，
J_a や K_g やなどの物理パラメータが精度良く同定できる[5] という条件の下に，速
度制御系のゲインと同じに設定しても実用上は問題ない[9]．図6・24 の振動抑制
制御系では，軸ねじれ角速度フィードバックゲイン K_{TV} は新たに設定する必要
はあるが，速度ステップ応答を見ながらの手調整が可能である．ただし，K_{TV} は

リフレッシュ 20　残留振動と強制振動について

　ロボットアームの振動の種類にも色々あって，ここで扱っているのは構造物の低
剛性に起因する残留振動である．この振動は，動作の開始や停止のような加減速ト
ルクがかかる時に発生する．他には，各関節を駆動するアクチュエータからの**強制
振動**があり，一定速度の時であっても発生する．特にやっかいなのは，減速機の原
理や組立誤差に起因する，様々な周波数成分を含む**トルクリップル**である．この周
波数が，構造物の機械共振周波数に一致すると，その速度では大きな振動を引き起
こすことになる．この解決策を見いだすことは，構造設計や製造，組立・調整，制
御系設計・調整，ロボットアームの運用の仕方など，システム全体にわたる腕の見
せ所となる．

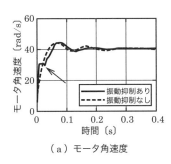

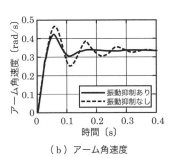

（a）モータ角速度 （b）アーム角速度

◆ **図6・25** 軸ねじれ角速度フィードバックによる振動抑制制御の有無での ◆
速度ステップ応答の比較

いくらでも大きくできるわけではなく，モータ角速度フィードバックの比例ゲイ
ン K_{PV} の半分以下が目安である[9].

　図6・25 は，軸ねじれ角速度フィードバックの有無での速度ステップ応答のシ
ミュレーションの一例で，同図（a）はモータ角速度 $\dot{\theta}_m$，（b）はアーム角速度 $\dot{\theta}_a$
の比較である[†].軸ねじれ角速度フィードバック有りの場合，図6・25（a）内の
矢印が示すようにモータ角速度（実線）の応答波形を階段状に整形することによ
って，同図（b）のようにアーム角速度（実線）を振動が抑制しながら，立ち上
がりの速さが変わらない応答を実現している．人間が柔らかい釣り竿を投げ出す
ときに，手首を使っていったん手前に引くと，竿の残留振動が抑えられて遠くま
で釣り糸を投げ込めるのと似た原理である．8-4節では，本節の振動抑制制御を
実際の産業用ロボットアームの位置制御系に組み込んだ場合について紹介する．

トライアル 6

6・1 図6・1で表された関節において，出力軸の慣性モーメント J が $2\,\mathrm{kg \cdot m^2}$ から
$6\,\mathrm{kg \cdot m^2}$ の間で変化した場合，出力軸換算の慣性の変化を求めよう．ここで，モ
ータロータの慣性モーメント $J_1 = 0.01\,\mathrm{kg \cdot m^2}$，減速比 $n = 100$ とする．

6・2 図6・7の伝達関数のブロック図を整理した形に直してみよう．

6・3 図6・26に示すような質量，ばね，ダンパからなる機械モデルの運動方程式を
求め，パラメータがダイナミクスにどのような影響を及ぼすか考えよう．ただ

[†] この例では減速比 $n = 120$ であるので，縦軸の角速度のスケールに注意する．

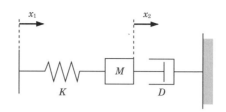

◆ 図 6・26　ばね-質量-ダンパ機械モデル図 ◆

し，質量 M，粘性摩擦係数 D，ばね定数 K とする．

6・4　6-2節で述べた方法以外の J，D の同定方法を考えよう．また，クーロン摩擦がある場合はどうすればよいか考えよう．

6・5　図 6・18 で $K_{FV}=K_{PV}$ のとき，PI 制御となることを説明してみよう．

6・6　図 6・19 でフィードフォワードを強くすると機械振動を励起することがあると述べた．それはなぜだろうか．また，それを緩和する方法を考えよう．

6・7　式（6・48），式（6・49）から，図 6・21 を導いてみよう．

6・8　式（6・57）を用いた振動抑制制御において，K_{TV} は K_{PV} の半分以下が目安であるとした．それでは，その最大の $K_{TV}=0.5K_{PV}$ と設定したときに，モータ角速度制御系がどのような構成になるのか考えてみよう．

7章 ロボットの運動学

関節1軸の制御方法については6章で述べた．通常のメカトロニクス機器はそこまでで制御することが可能であるが，ロボット，特にロボットアームの場合は，さらに運動学が必要である．すなわち，ロボットアームの先端を任意の位置へ位置決めしたい場合に，各関節をどのように制御すればよいか求めなければならない．**図7・1**に示すように，各関節角から先端の位置・姿勢を求めることを**順運動学**，先端の位置・姿勢から各関節の角度を求めることを**逆運動学**という．順運動学は解けるが，一般に逆運動学は解けない場合が多い．

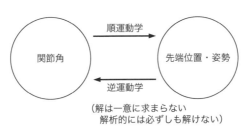

◆ **図7・1** ロボットの順運動学と逆運動学 ◆

7–1 位置と姿勢の表現方法を知ろう

ロボットの関節にはそれぞれ座標系を定義することができ，各座標系間の変換をすることで，ベースの基準座標系から見たハンドの位置と姿勢を算出することができる．ここでは，まず基礎となる2つの座標系間での座標変換について説明する．

1 同次変換行列とは

図7・2に示すように2つの座標系 Σ_A と Σ_B が与えられ，Σ_B の Σ_A に対する位

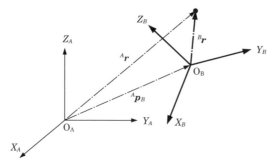

◆ **図7・2** 2つの座標系の関係 ◆

置が $^A\boldsymbol{p}_B$ で，また姿勢の**回転行列**が $^A\boldsymbol{R}_B$ で与えられるとする．このとき，$\varSigma_B$ 上で $^B\boldsymbol{r}$ で表された点 P を $\varSigma_A$ に関して表現すると次式となる．

$$^A\boldsymbol{r} = {}^A\boldsymbol{R}_B\,{}^B\boldsymbol{r} + {}^A\boldsymbol{p}_B \tag{7・1}$$

この関係を繰り返して用いることで，複数の座標系からなる機構の先端の位置をベースの座標系からの位置として表すことができる．

例えば x 軸，y 軸，z 軸回りに θ 回転する回転行列は次のように表せる．

$$\boldsymbol{R}_x = \begin{bmatrix} 1 & 0 & 0 \\ 0 & C_\theta & -S_\theta \\ 0 & S_\theta & C_\theta \end{bmatrix} \quad \boldsymbol{R}_y = \begin{bmatrix} C_\theta & 0 & S_\theta \\ 0 & 1 & 0 \\ -S_\theta & 0 & C_\theta \end{bmatrix}$$

$$\boldsymbol{R}_z = \begin{bmatrix} C_\theta & -S_\theta & 0 \\ S_\theta & C_\theta & 0 \\ 0 & 0 & 1 \end{bmatrix} \tag{7・2}$$

ここで，表記を簡単にするために $S_\theta = \sin\theta$，$C_\theta = \cos\theta$ と表すことにする．以下，同様である．

さらに，これら回転変換の3次元ベクトル表現に対して，並進変換の要素を1つ付加することによって4次元ベクトルで表現することが可能である．

$$\begin{bmatrix} {}^A\boldsymbol{r} \\ 1 \end{bmatrix} = \begin{bmatrix} {}^A\boldsymbol{R}_B & {}^A\boldsymbol{p}_B \\ \boldsymbol{0}^T & 1 \end{bmatrix} \begin{bmatrix} {}^B\boldsymbol{r} \\ 1 \end{bmatrix} \quad (\boldsymbol{0}^T \text{ は1行3列の零ベクトル}) \tag{7・3}$$

ここで，

$$^A\boldsymbol{T}_B = \begin{bmatrix} {}^A\boldsymbol{R}_B & {}^A\boldsymbol{p}_B \\ \boldsymbol{0}^T & 1 \end{bmatrix}, \quad {}^A\tilde{\boldsymbol{r}} = \begin{bmatrix} {}^A\boldsymbol{r} \\ 1 \end{bmatrix}, \quad {}^B\tilde{\boldsymbol{r}} = \begin{bmatrix} {}^B\boldsymbol{r} \\ 1 \end{bmatrix} \tag{7・4}$$

とおくと，

$$^A\tilde{r} = {}^AT_B{}^B\tilde{r} \tag{7・5}$$

となり，回転と並進の座標変換を同時に1つの座標変換行列で簡単に表現することができる．^AT_B を**同次変換行列**という．

次に，先端の姿勢の表現についてさらに考えてみよう．回転行列 R は一般に9変数を持つが，これらの要素は独立ではないので，姿勢を表現するにはオイラー角やロール・ピッチ・ヨー角による表現を用いれば，3つの変数で姿勢を表現することができる．

2 オイラー角による変換

オイラー角による座標変換を**図7・3**に示す．

（ⅰ）　まず座標系 Σ_A と一致しているある座標系を Z_A 軸回りに角度 ϕ 回転した座標系を $\Sigma_{A'}(\mathrm{O}_A\text{-}X_{A'}Y_{A'}Z_{A'})$ とする．

（ⅱ）　次に $\Sigma_{A'}$ を $Y_{A'}$ 軸回りに角度 θ 回転した座標系を $\Sigma_{A''}(\mathrm{O}_A\text{-}X_{A''}Y_{A''}Z_{A''})$ とする．

（ⅲ）　最後に $\Sigma_{A''}$ を $Z_{A''}$ 軸回りに角度 ψ 回転させたものを座標系 Σ_B とする．

このとき，Σ_A から見た Σ_B の姿勢は (ϕ, θ, ψ) の3つの角度の組で表せる．この組のことを**オイラー角**という．

次に，オイラー角と回転行列 ^AR_B の関係を求める．

まず，Σ_A と $\Sigma_{A'}$ の回転行列 $^AR_{A'}$ は，次式で表せる．

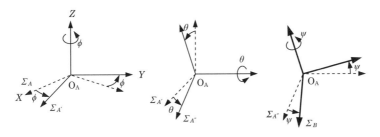

◈ **図7・3　オイラー角** ◈

$$
{}^A\boldsymbol{R}_{A'} = \begin{bmatrix} C_\phi & -S_\phi & 0 \\ S_\phi & C_\phi & 0 \\ 0 & 0 & 1 \end{bmatrix} \tag{7・6}
$$

同様に，$\varSigma_{A'}$ と $\varSigma_{A''}$ の回転行列 ${}^{A'}\boldsymbol{R}_{A''}$，$\varSigma_{A''}$ と $\varSigma_B$ の回転行列 ${}^{A''}\boldsymbol{R}_B$ は以下のようになる．

$$
{}^{A'}\boldsymbol{R}_{A''} = \begin{bmatrix} C_\theta & 0 & S_\theta \\ 0 & 1 & 0 \\ -S_\theta & 0 & C_\theta \end{bmatrix} \tag{7・7}
$$

$$
{}^{A''}\boldsymbol{R}_B = \begin{bmatrix} C_\psi & -S_\psi & 0 \\ S_\psi & C_\psi & 0 \\ 0 & 0 & 1 \end{bmatrix} \tag{7・8}
$$

したがって，${}^A\boldsymbol{R}_B$ は以下のように求まる．

$$
\begin{aligned}
{}^A\boldsymbol{R}_B &= {}^A\boldsymbol{R}_{A'}{}^{A'}\boldsymbol{R}_{A''}{}^{A''}\boldsymbol{R}_B \\
&= \begin{bmatrix} C_\phi C_\theta C_\psi - S_\phi S_\psi & -C_\phi C_\theta S_\psi - S_\phi C_\psi & C_\phi S_\theta \\ S_\phi C_\theta C_\psi + C_\phi S_\psi & -S_\phi C_\theta S_\psi + C_\phi C_\psi & S_\phi S_\theta \\ -S_\theta C_\psi & S_\theta S_\psi & C_\theta \end{bmatrix}
\end{aligned} \tag{7・9}
$$

これが，オイラー角が与えられたときの**座標変換行列**である．$\boldsymbol{Euler}(\phi, \theta, \psi) = {}^A\boldsymbol{R}_B$ と表現する場合もある．

次に ${}^A\boldsymbol{R}_B$ が与えられたときにオイラー角 (ϕ, θ, ψ) を求めてみよう．

$$
{}^A\boldsymbol{R}_B = \begin{bmatrix} R_{11} & R_{12} & R_{13} \\ R_{21} & R_{22} & R_{23} \\ R_{31} & R_{32} & R_{33} \end{bmatrix} \tag{7・10}
$$

式(7・9)と式(7・10)の第3列を比較して，$R_{13} = C_\phi S_\theta$，$R_{23} = S_\phi S_\theta$ から，

$$
S_\theta = \pm\sqrt{R_{13}{}^2 + R_{23}{}^2} \tag{7・11}
$$

これと，$R_{33} = C_\theta$ から，

$$
\theta = \mathrm{atan2}(\pm\sqrt{R_{13}{}^2 + R_{23}{}^2}, R_{33}) \tag{7・12}
$$

$S_\theta \neq 0$ ならば，同様にして

$$
\phi = \mathrm{atan2}(\pm R_{23}, \pm R_{13}) \tag{7・13}
$$

$$
\psi = \mathrm{atan2}(\pm R_{32}, \mp R_{31}) \tag{7・14}
$$

と求めることができる．

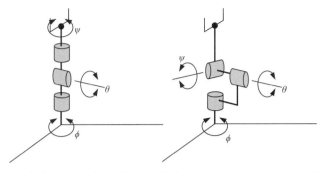

（a） オイラー角形関節 　　（b） ロール・ピッチ・ヨー角形関節

◈ **図7・4** ロボットの姿勢表現 ◈

ここで，$\cos^{-1}$ や $\sin^{-1}$ でも解は求まるが，$0°$，$90°$，$180°$ 付近で精度が悪くなるため，a，b の正負で $-180° < \theta \leq 180°$ の範囲で1対1に対応できる関数 $\mathrm{atan2}(a, b)$ を用いる．

オイラー角は**図7・4**（a）に示すロボットの3自由度の関節配置に対応する．

3 ロール・ピッチ・ヨー角による変換

次にロール・ピッチ・ヨー角による姿勢表現を説明する．この表現方法も基本的にはオイラー角と同じであるが，3つ目の回転角の取り方が少し異なる．ロール・ピッチ・ヨー角の座標変換を**図7・5**に示す．

（ⅰ） まず Σ_A を Z_A 軸回りに角度 ϕ 回転させた座標系を $\Sigma_{A'}$ とする．

（ⅱ） 次に $\Sigma_{A'}$ を $Y_{A'}$ 軸回りに角度 θ 回転した座標系を $\Sigma_{A''}$ とする．

（ⅲ） 最後に $\Sigma_{A''}$ を $X_{A''}$ 軸回りに角度 ψ 回転させたものを座標系 Σ_B とする．

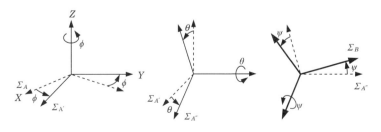

◈ **図7・5** ロール・ピッチ・ヨー角 ◈

このときの角度 (ϕ, θ, ψ) を**ロール・ピッチ・ヨー角**という．オイラー角と同様に変換行列は以下のように求まる．ここでは変換行列として $\boldsymbol{R}(Z, \phi)$ という書き方をしたが，これは Z 軸回りに ϕ 回転することを表す変換行列であり，このような表現の仕方もよくある．

$$RPY(\phi, \theta, \psi) = \boldsymbol{R}(z, \phi) \cdot \boldsymbol{R}(y, \theta) \cdot \boldsymbol{R}(x, \psi)$$

$$= \begin{bmatrix} C_\phi C_\theta & C_\phi S_\theta S_\psi - S_\phi C_\psi & C_\phi S_\theta C_\psi + S_\phi S_\psi \\ S_\phi C_\theta & S_\phi S_\theta S_\psi + C_\phi C_\psi & S_\phi S_\theta C_\psi - C_\phi S_\psi \\ -S_\theta & C_\theta S_\psi & C_\theta C_\psi \end{bmatrix} \quad (7 \cdot 15)$$

ロール・ピッチ・ヨー角は図 7·4（b）に示すロボットの 3 自由度の関節配置に対応する．

4 単位クォータニオン（オイラーパラメータ）による変換

オイラー角やロール・ピッチ・ヨー角による姿勢表現では，3 つの軸のうち 2 つが同一平面上にそろって自由度が 2 になってしまう特異点（**ジンバルロック**）が生じる．また，これらはベクトルでないため，ある姿勢から別の姿勢へ移動させる軌道の表現（姿勢の**補間**）には適さない．そこで，姿勢をある**等価回転軸**（3 次元の単位ベクトル）とその周りの**等価回転角**（スカラ）の 4 つのパラメータで表す**単位クォータニオン**[†]（**オイラーパラメータ**）を用いると便利である．

図 7·6 に示す等価回転軸 $\boldsymbol{u} = [u_x \, u_y \, u_z]^T$ と等価回転角 θ を用いて単位クォータニオンは，

$$\left. \begin{aligned} q_0 &= \cos\frac{\theta}{2} \\ q_1 &= u_x \sin\frac{\theta}{2} \\ q_2 &= u_y \sin\frac{\theta}{2} \\ q_3 &= u_z \sin\frac{\theta}{2} \end{aligned} \right\} \quad (7 \cdot 16)$$

[†] Unit quaternion．クォータニオンは，2 次元の複素数を 4 次元に拡張したものであり，**四元数**とも呼ぶ．オイラーパラメータと等価な姿勢表現として用いる場合は，絶対値（ノルム）が 1 の単位クォータニオンを用いることに注意する．

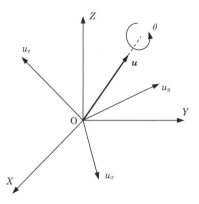

◆ **図 7・6**　等価回転軸と等価回転角で定義された単位クォータニオン ◆

と定義され，以下の拘束条件を満たしている．

$$q_0{}^2 + q_1{}^2 + q_2{}^2 + q_3{}^2 = 1 \tag{7・17}$$

この単位クォータニオンに等価な回転行列は，

$$\boldsymbol{R} = \begin{bmatrix} 2(q_0{}^2 + q_1{}^2) - 1 & 2(q_1 q_2 - q_0 q_3) & 2(q_1 q_3 + q_0 q_2) \\ 2(q_1 q_2 + q_0 q_3) & 2(q_0{}^2 + q_2{}^2) - 1 & 2(q_2 q_3 - q_0 q_1) \\ 2(q_1 q_3 - q_0 q_2) & 2(q_2 q_3 + q_0 q_1) & 2(q_0{}^2 + q_3{}^2) - 1 \end{bmatrix} \tag{7・18}$$

となることが知られている[1]．

一方，回転行列が与えられた場合の単位クォータニオンは次式で与えられる．

$$\left.\begin{aligned} q_0 &= \frac{1}{2}\sqrt{R_{11} + R_{22} + R_{33} + 1} \\[2mm] q_1 &= \frac{1}{2}\,\mathrm{sgn}\,(R_{32} - R_{23})\sqrt{R_{11} - R_{22} - R_{33} + 1} \\[2mm] q_2 &= \frac{1}{2}\,\mathrm{sgn}\,(R_{13} - R_{31})\sqrt{R_{22} - R_{33} - R_{11} + 1} \\[2mm] q_3 &= \frac{1}{2}\,\mathrm{sgn}\,(R_{21} - R_{12})\sqrt{R_{33} - R_{11} - R_{22} + 1} \end{aligned}\right\} \tag{7・19}$$

ここで，sgn は符号関数で，

$$\mathrm{sgn}\,(x) = \begin{cases} 1 & \text{if } x \geqq 0 \\ -1 & \text{if } x < 0 \end{cases} \tag{7・20}$$

である．単位クォータニオンに表現上の特異点はなく，$-180° < \theta \leqq 180°$ で定義

することによって，必ず1通りの解が得られる優れた姿勢表現である．ただし，式（7·16）の定義からわかるように，単位クォータニオンの数値を見てもどのような姿勢なのか直感ではわかりにくい．要は，直感でわかりやすいが表現上の特異点があるオイラー角やロール・ピッチ・ヨー角との使い分けが肝要ということである．計算機内では，4×4の同次変換行列と，回転行列の冗長性をなくした単位クォータニオンを併用し，ヒューマンインタフェースの手段としてオイラー角やロール・ピッチ・ヨー角を用いれば良いだろう．

7-2　関節リンクパラメータはどこを表すのか

　以上の変換行列をロボットの関節に適用する．ここでは，一般化するために関節のパラメータを次のように定義する．以下のように4つの変数でリンク機構を記述する方法は，一般に Denavit-Hartenberg の表記法（または **DH法**）と呼ばれている（**図7·7**）．

　DH法はリンク座標系 Σ_i を Σ_{i-1} から見た場合の同次変換による記述法であり，リンクパラメータは，

（ⅰ）　x_{i-1} 軸に沿って a_{i-1} だけ並進

（ⅱ）　x_{i-1} 軸回りに α_{i-1} だけ回転

（ⅲ）　z_i 軸に沿って d_i だけ並進

（ⅳ）　z_i 軸回りに θ_i だけ回転

と定義される．ここで，z_i は関節出力軸の方向にとり，x_i は基準座標系に対して各関節が同じ方向になるようにとる．

　したがって，変換行列 $^{i-1}T_i$ は次式のようになる．

$$^{i-1}T_i = T_T(X_{i-1}, a_{i-1})\,T_R(X_{i-1}, \alpha_{i-1})\,T_T(Z_i, d_i)\,T_R(Z_i, \theta_i)$$

$$= \begin{bmatrix} 1 & 0 & 0 & a_{i-1} \\ 0 & 1 & 0 & 0 \\ 0 & 0 & 1 & 0 \\ 0 & 0 & 0 & 1 \end{bmatrix} \begin{bmatrix} 1 & 0 & 0 & 0 \\ 0 & C_\alpha & -S_\alpha & 0 \\ 0 & S_\alpha & C_\alpha & 0 \\ 0 & 0 & 0 & 1 \end{bmatrix} \begin{bmatrix} 1 & 0 & 0 & 0 \\ 0 & 1 & 0 & 0 \\ 0 & 0 & 1 & d_i \\ 0 & 0 & 0 & 1 \end{bmatrix}$$

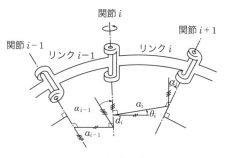

（ a ）　関節 i が回転関節の場合

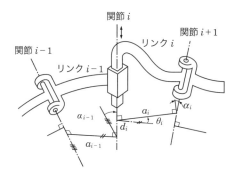

（ b ）　関節 i が直動関節の場合

◈ **図 7・7　関節パラメータを表す図**[2] ◈

$$\times \begin{bmatrix} C & -S & 0 & 0 \\ S & C & 0 & 0 \\ 0 & 0 & 1 & 0 \\ 0 & 0 & 0 & 1 \end{bmatrix}$$

$$= \begin{bmatrix} C & -S & 0 & a_{i-1} \\ C_a S & C_a C & -S_a & -S_a \cdot d_i \\ S_a S & S_a C & C_a & C_a \cdot d_i \\ 0 & 0 & 0 & 1 \end{bmatrix} \tag{7・21}$$

ここで，$S = \sin \theta_i$，$C = \cos \theta_i$，$S_a = \sin \alpha_{i-1}$，$C_a = \cos \alpha_{i-1}$

これを用いると最先端のリンク座標系 Σ_n を Σ_0 に関係づける変換は次式で与えられる．

$$^0\boldsymbol{T}_6 = {}^0\boldsymbol{T}_1 {}^1\boldsymbol{T}_2 {}^2\boldsymbol{T}_3 {}^3\boldsymbol{T}_4 {}^4\boldsymbol{T}_5 {}^5\boldsymbol{T}_6 \tag{7・22}$$

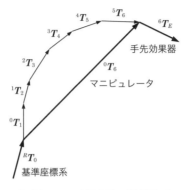

◆ **図 7・8　座標変換の関係図** ◆

さらに，リンク n につけられた**手先効果器**（エンドエフェクタまたはハンド）の位置姿勢を示す座標系 Σ_E が Σ_n に対して ^nT_E，マニピュレータのベース座標系 Σ_0 が基準座標系 Σ_R に対して $^RT_0$ で記述されるとき，手先効果器は基準座標系に対して次に表される位置姿勢にある．図示すると**図 7・8** のような関係になる．

$$^RT_E = {}^RT_0\,{}^0T_n\,{}^nT_E \tag{7・23}$$

7-3　ピューマ形ロボットの順運動学を解こう

前節でロボットの関節を定義することができたので，次に具体的な例としてリン

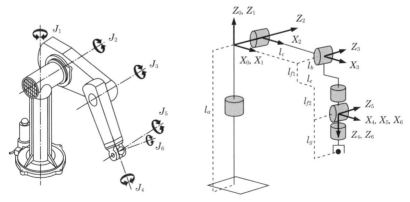

◆ **図 7・9　ピューマ形ロボット[3]** ◆　　◆ **図 7・10　ピューマ形ロボットの構造と座標系** ◆

◈ **表 7・1 ピューマ形ロボット** ◈
のリンクパラメータ

i	a_{i-1}	α_{i-1}	d_i	θ_i
1	0	$0°$	0	θ_1
2	0	$-90°$	l_b	θ_2
3	l_c	$0°$	0	θ_3
4	l_e	$-90°$	l_f	θ_4
5	0	$90°$	0	θ_5
6	0	$-90°$	0	θ_6

クパラメータの取り方に注意しながら，ピューマ形ロボットの順運動学を解いてみよう．**図 7•9** に示すピューマ形ロボットの構造および座標系は，**図 7•10** のようになる．

各関節のリンクパラメータは**表 7•1** のように求まるので，これを使うと変換行列は次式のようになる．ここで，$l_f = l_{f1} + l_{f2}$ である．

$$
{}^0\boldsymbol{T}_1 = \begin{bmatrix} C_1 & -S_1 & 0 & 0 \\ S_1 & C_1 & 0 & 0 \\ 0 & 0 & 1 & 0 \\ 0 & 0 & 0 & 1 \end{bmatrix}, \quad
{}^1\boldsymbol{T}_2 = \begin{bmatrix} C_2 & -S_2 & 0 & 0 \\ 0 & 0 & 1 & l_b \\ -S_2 & -C_2 & 0 & 0 \\ 0 & 0 & 0 & 1 \end{bmatrix}
$$

$$
{}^2\boldsymbol{T}_3 = \begin{bmatrix} C_3 & -S_3 & 0 & l_c \\ S_3 & C_3 & 0 & 0 \\ 0 & 0 & 1 & 0 \\ 0 & 0 & 0 & 1 \end{bmatrix}, \quad
{}^3\boldsymbol{T}_4 = \begin{bmatrix} C_4 & -S_4 & 0 & l_e \\ 0 & 0 & 1 & l_f \\ -S_4 & -C_4 & 0 & 0 \\ 0 & 0 & 0 & 1 \end{bmatrix}
$$

$$
{}^4\boldsymbol{T}_5 = \begin{bmatrix} C_5 & -S_5 & 0 & 0 \\ 0 & 0 & -1 & 0 \\ S_5 & C_5 & 0 & 0 \\ 0 & 0 & 0 & 1 \end{bmatrix}, \quad
{}^5\boldsymbol{T}_6 = \begin{bmatrix} C_6 & -S_6 & 0 & 0 \\ 0 & 0 & 1 & 0 \\ -S_6 & -C_6 & 0 & 0 \\ 0 & 0 & 0 & 1 \end{bmatrix}
$$

$$(7 \cdot 24)$$

これらから ${}^0\boldsymbol{T}_6$ を求めるが，ここではまず腕部 3 自由度 ${}^0\boldsymbol{T}_3$ と手首部 3 自由度 ${}^3\boldsymbol{T}_6$ を求めてから ${}^0\boldsymbol{T}_6$ を求めることにする．

$$
{}^0\boldsymbol{T}_3 = {}^0\boldsymbol{T}_1 {}^1\boldsymbol{T}_2 {}^2\boldsymbol{T}_3
$$

$$
= \begin{bmatrix} C_1 C_{23} & -C_1 S_{23} & -S_1 & l_c C_1 C_2 - l_b S_1 \\ S_1 C_{23} & -S_1 S_{23} & C_1 & l_c S_1 C_2 + l_b C_1 \\ -S_{23} & -C_{23} & 0 & -l_c S_2 \\ 0 & 0 & 0 & 1 \end{bmatrix}
$$

$$(7 \cdot 25\,\text{a})$$

ここで，$C_{23} = \cos(\theta_2 + \theta_3)$，$S_{23} = \sin(\theta_2 + \theta_3)$ と表す.

$$
{}^3\boldsymbol{T}_6 = {}^3\boldsymbol{T}_4\,{}^4\boldsymbol{T}_5\,{}^5\boldsymbol{T}_6
$$

$$
= \begin{bmatrix}
C_4C_5C_6 - S_4S_6 & -C_4C_5S_6 - S_4C_6 & -C_4S_5 & l_e \\
S_5C_6 & -S_5S_6 & C_5 & l_f \\
-S_4C_5C_6 - C_4S_6 & S_4C_5S_6 - C_4C_6 & S_4S_5 & 0 \\
0 & 0 & 0 & 1
\end{bmatrix} \quad (7\cdot25\,\mathrm{b})
$$

最終的に ${}^0\boldsymbol{T}_6$ 行列は以下のようになる.

$$
{}^0\boldsymbol{T}_6 = \begin{bmatrix}
R_{11} & R_{12} & R_{13} & p_x \\
R_{21} & R_{22} & R_{23} & p_y \\
R_{31} & R_{32} & R_{33} & p_z \\
0 & 0 & 0 & 1
\end{bmatrix} \quad (7\cdot26)
$$

ここで，

$$R_{11} = C_1[C_{23}(C_4C_5C_6 - S_4S_6) - S_{23}S_5C_6] + S_1(S_4C_5C_6 + C_4S_6)$$

$$R_{12} = C_1[-C_{23}(C_4C_5S_6 + S_4C_6) + S_{23}S_5S_6] - S_1(S_4C_5S_6 - C_4C_6)$$

$$R_{13} = -C_1(C_{23}C_4S_5 + S_{23}C_5) - S_1S_4S_5$$

$$R_{21} = S_1[C_{23}(C_4C_5C_6 - S_4S_6) - S_{23}S_5C_6] - C_1(S_4C_5C_6 + C_4S_6)$$

$$R_{22} = S_1[-C_{23}(C_4C_5S_6 + S_4C_6) + S_{23}S_5S_6] + C_1(S_4C_5S_6 - C_4C_6)$$

$$R_{23} = -S_1(C_{23}C_4S_5 + S_{23}C_5) + C_1S_4S_5$$

$$R_{31} = -S_{23}(C_4C_5C_6 - S_4S_6) - C_{23}S_5C_6$$

$$R_{32} = S_{23}(C_4C_5S_6 + S_4C_6) + C_{23}S_5S_6$$

$$R_{33} = S_{23}C_4S_5 - C_{23}C_5$$

$$p_x = C_1(l_cC_2 + l_eC_{23} - l_fS_{23}) - l_bS_1$$

$$p_y = S_1(l_cC_2 + l_eC_{23} - l_fS_{23}) + l_bC_1$$

$$p_z = -l_cS_2 - l_eS_{23} - l_fC_{23}$$

したがって，位置 p_x, p_y, p_z は式 (7·26) より求まり，オイラー角は式 (7·12)〜(7·14) で求められる.

7-4 逆運動学—先端の位置から関節角を求めるには

関節角が与えられたときは，以上のように先端の位置・姿勢を解くことができ

る．次に先端の位置・姿勢が与えられた場合に，関節角を求める逆運動学問題について説明する．逆運動学を解くには代数的に解く方法と，繰返し計算アルゴリズムにより解く方法がある．実時間で解くには前者のほうが望ましいが，一般的なロボットアームの機構では必ずしも解が得られない．

例 題 図 **7・11** に示す 3 自由度のロボットアームで逆運動学を解いてみよう．

このアームのリンクパラメータは表 **7・2** のようになり，変換行列は次のように求まる．

$$
{}^0\boldsymbol{T}_1 = \begin{bmatrix} C_1 & -S_1 & 0 & 0 \\ S_1 & C_1 & 0 & 0 \\ 0 & 0 & 1 & 0 \\ 0 & 0 & 0 & 1 \end{bmatrix}, \quad
{}^1\boldsymbol{T}_2 = \begin{bmatrix} C_2 & -S_2 & 0 & 0 \\ 0 & 0 & 1 & 0 \\ -S_2 & -C_2 & 0 & 0 \\ 0 & 0 & 0 & 1 \end{bmatrix}
$$

$$
{}^2\boldsymbol{T}_3 = \begin{bmatrix} C_3 & -S_3 & 0 & l_a \\ S_3 & C_3 & 0 & 0 \\ 0 & 0 & 1 & 0 \\ 0 & 0 & 0 & 1 \end{bmatrix},
$$

$$
{}^0\boldsymbol{T}_3 = \begin{bmatrix} C_1C_2 & -C_1S_2 & -S_1 & 0 \\ S_1C_2 & -S_1S_2 & C_1 & 0 \\ -S_2 & -C_2 & 0 & 0 \\ 0 & 0 & 0 & 1 \end{bmatrix} {}^2\boldsymbol{T}_3
$$

$$
= \begin{bmatrix} C_1C_2C_3 - C_1S_2S_3 & -C_1C_2S_3 - C_1S_2C_3 & -S_1 & l_aC_1C_2 \\ S_1C_2C_3 - S_1S_2S_3 & -S_1C_2S_3 - S_1S_2C_3 & C_1 & l_aS_1C_2 \\ -S_2C_3 - C_2S_3 & S_2S_3 - C_2C_3 & 0 & -l_aS_2 \\ 0 & 0 & 0 & 1 \end{bmatrix} \tag{7・27}
$$

ここで，手先位置が ${}^0\boldsymbol{r} = [r_x \; r_y \; r_z]^T$ で与えられたとすると ${}^3\boldsymbol{r} = [l_c \; 0 \; l_b]^T$ であるから，

$$
{}^0\tilde{\boldsymbol{r}} = {}^0\boldsymbol{T}_3{}^3\tilde{\boldsymbol{r}} = {}^0\boldsymbol{T}_1{}^1\boldsymbol{T}_2{}^2\boldsymbol{T}_3{}^3\tilde{\boldsymbol{r}} \tag{7・28}
$$

となる．ただし，[ ]^T は**転置行列**を示す．式 (7・27) と式 (7・28) より，次式の関係

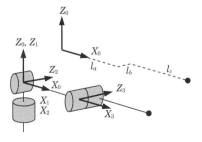

◈ **図 7・11** 3 自由度アーム ◈

◈ **表 7・2** 3 自由度アームの ◈
リンクパラメータ

i	a_{i-1}	α_{i-1}	d_i	θ_i
1	0	$0°$	0	θ_1
2	0	$-90°$	0	θ_2
3	l_a	$0°$	0	θ_3

が成り立つ.

$$r_x = l_c(C_1C_2C_3 - C_1S_2S_3) - l_bS_1 + l_aC_1C_2$$
$$r_y = l_c(S_1C_2C_3 - S_1S_2S_3) + l_bC_1 + l_aS_1C_2 \qquad (7 \cdot 29)$$
$$r_z = l_c(-S_2C_3 - C_2S_3) - l_aS_2$$

式（7·29）より θ_1, θ_2, θ_3 を求める．ここで，代数的に解きやすいように式（7·28）を次式のように変形する．

$$({}^0T_2)^{-1}{}^0\tilde{r} = {}^2T_3\,{}^3\tilde{r} \qquad (7 \cdot 30)$$

$$\begin{bmatrix} C_1C_2 & S_1C_2 & -S_2 & 0 \\ -C_1S_2 & -S_1S_2 & -C_2 & 0 \\ -S_1 & C_1 & 0 & 0 \\ 0 & 0 & 0 & 1 \end{bmatrix} {}^0\tilde{r} = \begin{bmatrix} C_3 & -S_3 & 0 & l_a \\ S_3 & C_3 & 0 & 0 \\ 0 & 0 & 1 & 0 \\ 0 & 0 & 0 & 1 \end{bmatrix} {}^3\tilde{r} \qquad (7 \cdot 31)$$

となり，次式が得られる.

$$C_1C_2r_x + S_1C_2r_y - S_2r_z = l_cC_3 + l_a \qquad (7 \cdot 32\,\text{a})$$
$$-C_1S_2r_x - S_1S_2r_y - C_2r_z = l_cS_3 \qquad (7 \cdot 32\,\text{b})$$
$$-S_1r_x + C_1r_y = l_b \qquad (7 \cdot 32\,\text{c})$$

また，同様に次式に対して考えると，

$$({}^0T_1)^{-1}{}^0\tilde{r} = {}^1T_3\,{}^3\tilde{r} \qquad (7 \cdot 33)$$
$$C_1r_x + S_1r_y = l_cC_{23} + l_aC_2 \qquad (7 \cdot 34\,\text{a})$$
$$-S_1r_x + C_1r_y = l_b \qquad (7 \cdot 34\,\text{b})$$
$$r_z = -l_cS_{23} - l_aS_2 \qquad (7 \cdot 34\,\text{c})$$

となる．まず，θ_1 は式（7·32 c）または式（7·34 b）から求める．

$$\theta_1 = \text{atan2}(-r_x, r_y) \pm \text{atan2}(\sqrt{r_x^2 + r_y^2 - l_b^2}, l_b) \qquad (7 \cdot 35)$$

次に，θ_3 は式（7·34 a）～（7·34 c）の両辺を 2 乗し，和をとることで求まる．

$$r_x^2 + r_y^2 + r_z^2 = l_a^2 + l_b^2 + l_c^2 + 2l_al_cC_3$$
$$\theta_3 = \pm\text{atan2}(k, r_x^2 + r_y^2 + r_z^2 - l_a^2 - l_b^2 - l_c^2)$$
$$k = \sqrt{(r_x^2 + r_y^2 + r_z^2 - l_b^2 + l_a^2 + l_c^2)^2 - 2[(r_x^2 + r_y^2 + r_z^2 - l_b^2)^2 + l_a^4 + l_c^4]}$$
$$(7 \cdot 36)$$

最後に，θ_2 は式（7·32 a），（7·32 b）を次式のように変形して求める．

$$[r_z^2 + (C_1r_x + S_1r_y)^2]S_2 = -r_z(l_cC_3 + l_a) - (C_1r_x + S_1r_y)l_cS_3$$
$$[r_z^2 + (C_1r_x + S_1r_y)^2]C_2 = (C_1r_x + S_1r_y)(l_cC_3 + l_a) - l_cS_3r_z$$
$$\theta_2 = \text{atan2}[-r_z(l_cC_3 + l_a) - (C_1r_x + S_1r_y)l_cS_3, (C_1r_x + S_1r_y)(l_cC_3 + l_a) - l_cS_3r_z]$$
$$(7 \cdot 37)$$

式（7·35）～（7·37）より，2 通りの θ_1 と 2 通りの θ_3 に対してそれぞれ θ_2 が定まり，

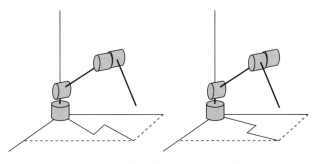

◆ **図 7・12** 3自由度ロボットアームの解 ◆

$(\theta_1, \theta_2, \theta_3)$ の組としては計 4 通りの解が存在することがわかる．これを図示すると**図 7・12** のようになり，残りの 2 つはそれぞれ肘が下側にある場合である．

次に，6 自由度ロボットアームの場合を考えてみよう．手先の 3 関節が回転関節で，その関節回転軸が 1 点で交わっている場合に解が得られることがわかっている（Pieper の方法）．すなわち，この場合 Σ_4，Σ_5，Σ_6 の原点は同じとなり，先の例に示すように先端の位置・姿勢が与えられていれば，手首関節の角度 θ_1，θ_2，θ_3 をこれから求めることができる．

次に，次式より θ_4，θ_5，θ_6 を求める．

$$({}^0T_3)^{-1}\,{}^0T_6 = {}^3T_4\,{}^4T_5\,{}^5T_6 \tag{7・38}$$

左辺は計算できるので，右辺の各要素と比較することで θ_4，θ_5，θ_6 が求まる．これらは式（7・12）〜（7・14）と同様に求めればよい．

7-5 ロボットのヤコビ行列とは何か

前節では関節角と先端位置との静的関係について解説した．ここでは，関節角速度と先端速度との関係（微分関係ともいう），さらに関節トルクと先端力の関係について説明する．

1 ヤコビ行列

ここでも**図 7・13** に示す 2 自由度ロボットアームを例にとって説明していく．

図に示すロボットアーム先端 P の位置は次式で表される．

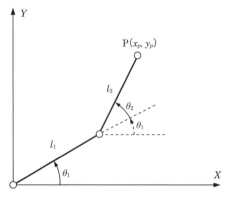

◆ **図7・13　2自由度ロボットアーム** ◆

$$x_p = l_1 C_1 + l_2 C_{12} \atop y_p = l_1 S_1 + l_2 S_{12} \Bigg\} \qquad (7 \cdot 39)$$

両辺を時間で微分すると，

$$\frac{dx_p}{dt} = -\frac{d\theta_1}{dt} l_1 S_1 - \left(\frac{d\theta_1}{dt} + \frac{d\theta_2}{dt}\right) l_2 S_{12} \atop \frac{dy_p}{dt} = \frac{d\theta_1}{dt} l_1 C_1 + \left(\frac{d\theta_1}{dt} + \frac{d\theta_2}{dt}\right) l_2 C_{12} \Bigg\} \qquad (7 \cdot 40)$$

となる．さらに行列で表すと，

$$\frac{d\boldsymbol{P}}{dt} = \boldsymbol{J}(\boldsymbol{\theta}) \frac{d\boldsymbol{\theta}}{dt} \qquad (7 \cdot 41)$$

となる．

$$\boldsymbol{P} = [x_p \; y_p]^T, \quad \boldsymbol{\theta} = [\theta_1 \; \theta_2]^T \qquad (7 \cdot 42)$$

であるから，行列 $\boldsymbol{J}$ は以下のようになる．

$$\boldsymbol{J}(\boldsymbol{\theta}) = \begin{bmatrix} -l_1 S_1 - l_2 S_{12} & -l_2 S_{12} \\ l_1 C_1 + l_2 C_{12} & l_2 C_{12} \end{bmatrix} \qquad (7 \cdot 43)$$

ここで，行列 $\boldsymbol{J}$ を**ヤコビ行列**（det $\boldsymbol{J}$ は**ヤコビアン**）という．式（7・41）は次式のようにも表される．

$$\delta \boldsymbol{P} = \boldsymbol{J}(\boldsymbol{\theta}) \delta \boldsymbol{\theta} \qquad (7 \cdot 44)$$

すなわち，ヤコビ行列は関節角が少しずつ変化したときに，手先が作業座標系でどのように変化するかを示すもので，関節角角速度と作業座標系での速度の関

係を表したものといえる.

以上は2自由度の例を示したが,6自由度のロボットアームでも同様である.結果のみ示すが,一般に回転関節からなる場合には以下のように表せる.

$$J = \begin{bmatrix} {}^{0}z_1 \times ({}^{0}P_r - {}^{0}P_1) & {}^{0}z_2 \times ({}^{0}P_r - {}^{0}P_2) & \cdots & {}^{0}z_n \times ({}^{0}P_r - {}^{0}P_n) \\ {}^{0}z_1 & {}^{0}z_2 & \cdots & {}^{0}z_n \end{bmatrix}$$

$$(7 \cdot 45)$$

$${}^{0}z_i = {}^{0}R_i e_z \tag{7 \cdot 46}$$

ただし,$e_z = \begin{bmatrix} 0 & 0 & 1 \end{bmatrix}^T$

回転関節の場合,

$$J_{ri} = \begin{bmatrix} {}^{0}z_i \times {}^{0}P_{ei} \\ {}^{0}z_i \end{bmatrix} \tag{7 \cdot 47}$$

直動関節の場合,

$$J_{si} = \begin{bmatrix} {}^{0}z_i \\ 0 \end{bmatrix} \tag{7 \cdot 48}$$

となる.

したがって,関節iのz軸回りの角速度$\dot{\theta}_i$により,アーム先端は,微小時間内に回転中心からの距離${}^{0}P_{ei}$に微小角度をかけた距離だけ,z_iと${}^{0}P_{ei}$の外積の方向に動く.また,アーム先端はz_i方向を軸に角速度$\dot{\theta}_i$で回転する.直動関節の場合は,d_iが変数になりアーム先端は関節iの変位速度$\dot{d}_i$そのままで動き,回転は発生しない.

これは**図7・14**に示す平面内のロボットアームで考えるとわかりやすい.すなわち,関節iが角速度$\dot{\theta}_i$で回転すると手先先端には回転による角速度

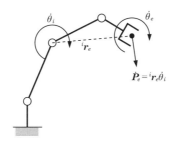

◈　**図7・14**　関節速度と先端速度との関係　◈

$$\dot{\theta}_e = \dot{\theta}_i \tag{7・49}$$

と関節からの距離で並進の速度が生じる.

$$\dot{P}_e = {}^i r_e \, \dot{\theta}_i \tag{7・50}$$

式 (7・47) は, 以上のことを 3 次元で表記したものである.

2 │ 静力学とヤコビ行列

次に, ロボットアーム先端で発生する力・トルクと関節トルクの関係について
考えてみよう. ここで, **仮想仕事の原理**を利用すると, 先端での力・トルクを f,
仮想変位を δp, 関節でのトルクを τ, 仮想変位を δq として次式が成り立つ.

$$\delta p_x f_x + \delta p_y f_y + \delta p_z f_z + \delta\phi_x m_x + \delta\phi_y m_y + \delta\phi_z m_z$$
$$= \delta q_1 \tau_1 + \delta q_2 \tau_2 + \delta q_3 \tau_3 + \cdots + \delta q_n \tau_n \tag{7・51}$$

$$f^T \delta p = \tau^T \delta q \tag{7・52}$$

一方, 手先の仮想変位と関節の仮想変位との間には,

$$\delta p = J \delta q \tag{7・53}$$

が成り立つので, 結局,

$$\tau^T = f^T \delta p / \delta q = f^T J \tag{7・54}$$

$$\tau = J^T f \tag{7・55}$$

となる. これはアーム先端での力を各関節トルクに変換するものである. このよ
うに, ヤコビ行列はロボットアームの機構と制御にとって大変に重要な行列であ
る.

3 │ ロボットアームの特異姿勢

作業座標系 (基準座標系) で手先速度が与えられたとき, ヤコビ行列を用いて
それを実現する関節速度が次式で求まる.

リフレッシュ21　仮想仕事の原理

力の平衡状態にあるための必要十分条件は, あらゆる方向の仮想位置について仮
想仕事がゼロとなることである. つまり, ロボットアームが外部になした仕事と外
部から受けた仕事は等しい.

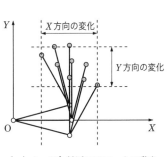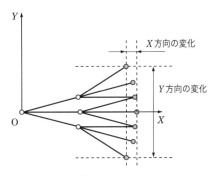

（a）$\theta_2 = 90°$ 付近でのアームの動き　　　（b）$\theta_2 = 0°$ 付近でのアームの動き

◈　**図 7・15**　アームの姿勢による動きの違い　◈

$$\dot{q} = J^{-1}\dot{p} \qquad\qquad (7・56)$$

ただし，J^{-1} は必ずしも存在しない．J が正則でない条件は，$\det J = 0$ で求まり，このとき J^{-1} は存在せず**特異姿勢**（または**特異点**）という．

図 7・13 に示した 2 自由度アームの例で考えてみよう．

$$\det J = \det \begin{bmatrix} -l_1 S_1 - l_2 S_{12} & -l_2 S_{12} \\ l_1 C_1 + l_2 C_{12} & l_2 C_{12} \end{bmatrix} = l_1 l_2 S_2 = 0 \qquad (7・57)$$

したがって，$\theta_2 = n\pi$ のとき特異姿勢となる．なお，$\det$ は行列式を表す．

$\theta_1 = 0°$ とすると，

$$\dot{P} = \begin{bmatrix} \dot{x} \\ \dot{y} \end{bmatrix} = \begin{bmatrix} 0 & 0 \\ l_1 + l_2 & l_2 \end{bmatrix} \begin{bmatrix} \dot{\theta}_1 \\ \dot{\theta}_2 \end{bmatrix} \qquad (7・58)$$

θ_2 が $0°$ と $90°$ 付近の運動の様子を**図 7・15** に示す．これより，$90°$ 曲げた姿勢では X，Y 軸方向への変位がほぼ同等であるが，$0°$ では小さな X 軸方向の変位

リフレッシュ 22　　**腕の姿勢とヤコビ行列**

　図 7・15 および図 7・16 を見ると人間の腕と対応していることがわかる．つまり，我々が作業するには肘をほぼ $90°$ に曲げているときがどの方向にも均一に作業しやすく，力を出したいときは特異姿勢のように腕を伸ばすか，できるだけ肘を曲げている．増力機構として**トグル機構**というものがあるが，これも同じ原理を使ったもので，大変興味深いことである．

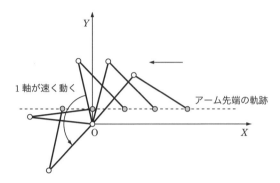

1軸が速く動く

アーム先端の軌跡

◈ **図 7・16　特異姿勢付近を通るアームの動き** ◈

でも Y 軸方向に大きく変位することがわかる．つまり，θ_2 が $90°$ 付近では X，Y 方向ともに同じような感度で動くが，$0°$ 付近では Y 方向の感度が高くなる．少しでも誤差があると Y 軸方向へ敏感に動くので精度が出にくくなる．

　次にアーム手先を1直線に連続で動かしたときの様子を**図 7・16** に示す．特異姿勢付近(肘が折りたたまれた姿勢)では θ_1 が大きく動くことがわかる．すなわち，特異姿勢に近づくにつれて速度は無限大に近づき，大きなトルクが発生する．

　では，ピューマ形ロボットの特異姿勢を考えてみよう．ピューマ形ロボットの特異姿勢は，**図 7・17** のように3種類に分類できる．$\det \boldsymbol{J} = 0$ を解いてもよいが直感的にも理解できる．肩特異姿勢では肘の関節の位置が決まらない，肘特異姿勢では肘が伸びきった姿勢でありこれ以上伸びない，手首特異姿勢では手首が伸びきった姿勢で手首ピッチ関節の前後のロール関節の位置が決まらない．このように特異姿勢は動作範囲限界で生じる状態か，関節の位置が一意に決まらない姿勢のことである．

> ## リフレッシュ 23　　冗長自由度とは
>
> 　2章で説明したように，空間上6自由度あれば任意の位置決めは可能である．7自由度以上の多関節アームを**冗長自由度アーム**あるいは**冗長マニピュレータ**という．一般には，手先の位置姿勢を決めても関節角は一意に決まらない．例えば，人間の腕は7自由度であり，1自由度多いために手と肩を拘束しても肘の位置が動かせるのである．

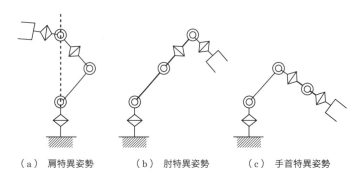

（a）　肩特異姿勢　　　（b）　肘特異姿勢　　　（c）　手首特異姿勢

◆　**図7・17**　ピューマ形ロボットの特異姿勢[2]（オフセットのない場合）　◆

　このようなことから，どこに特異姿勢があるかを知ることは大変重要である．特異姿勢からの距離をアーム機構の操作性の指標とすることもできる．また，図7・16に示したように，特異姿勢近傍では関節角が急激に変化する．したがって，実用上は特異姿勢を含めて，特異姿勢近傍では作業を行わないようにしている場合が多い．

　特異姿勢問題への対応方法としては，以下の3つが考えられる．

●特異姿勢が少ない機構を採用する．

●運用上，特異姿勢付近は使わない，または動作範囲を制限する．

●制御的に回避する．例えば，関節数の多い冗長自由度アームを採用することで特異姿勢を避けた軌道を生成することができる．さらに，障害物を回避する軌道を与えることも可能である．この場合，ヤコビ行列は正則ではないので**擬似逆行列**と呼ばれるものを用いる．

トライアル　7

7・1　式（7・2）に示す回転変換行列 R_x，R_y，R_z を導いてみよう．

7・2　式（7・15）に示すロール・ピッチ・ヨー角を表す変換行列を導いてみよう．

7・3　式（7・18）の回転行列 R の逆行列を単位クォータニオンで表してみよう．

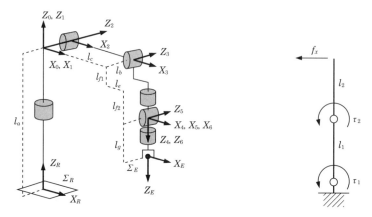

◆ **図7・18**　手先座標系と基準座標系 ◆　　　◆ **図7・19**　2自由度ロボットアーム ◆

7・4　図7・9のピューマ形ロボットにおいて，**図7・18**に示すように基準座標系Σ_Rおよひ手先座標系Σ_Eがあるとき，手先位置ベクトルを$\boldsymbol{r}=[r_1\ r_2\ \cdots\ r_6]^T$として順運動学問題の解を求め，次に関節変数が$\boldsymbol{q}_a=(0°,-45°,0°,0°,-45°,90°)$となるときの$\boldsymbol{r}$の値を求めてみよう[2]．ただし，$r_1$，$r_2$，$r_3$は$\Sigma_R$から見た$X$，$Y$，$Z$座標，$r_4$，$r_5$，$r_6$はオイラー角とする．

7・5　表7・2に示すリンクパラメータの求め方を説明してみよう．

7・6　図7・19に示す2自由度ロボットアームにおいて，先端にf_xの力を加えたときの各関節でのトルクを求めてみよう．

8章 ロボットの運動制御

　7章では，ロボットアーム手先の目標位置（作業座標系）が与えられたとき，逆運動学を用いた関節目標角度の求め方について説明した．これに6章の関節角ベース制御系を組み合わせれば，ロボットの運動制御の基本系が完成する．本章では，この組合せを中心にしてロボットの運動制御に必要な制御系の構成方法について説明する．

8-1 ロボットの位置制御はどうするのか

　ロボットの位置制御（作業座標系）には，**図8・1**に示すようにPTP（Point To Point）制御とCP（Continuous Pass）制御の2通りがある．前者は目標位置までの途中の軌跡を規定せず，とにかく高速に2点間を移動させたいピックアンドプレース作業などに多用される．後者は直線補間動作や円弧補間，スプライン補間などの**軌跡制御**で，アーク溶接やシーリング作業，障害物を回避させながらのピックアンドプレース作業などで用いられる．

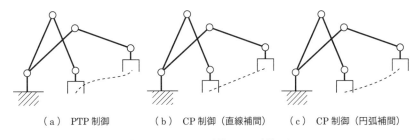

（a）　PTP 制御　　　（b）　CP 制御（直線補間）　　　（c）　CP 制御（円弧補間）

◈ **図8・1**　PTP 制御と CP 制御 ◈

1 PTP 制御

PTP 制御のブロック図を**図8・2**に示す．逆運動学を解くブロックと6章で説

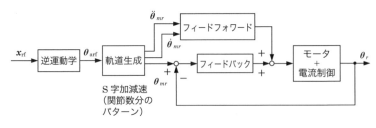

◆　**図 8・2**　PTP 制御ブロック図　◆

明した関節ベースの制御系のブロックから成っている．後者は 6 関節のロボットであれば図 6・19 が 6 個並んでいると考えてよい．

　図 8・2 で x_{rf} は作業座標系（$x, y, z, \mathrm{roll}, \mathrm{pitch}, \mathrm{yaw}$）での最終目標位置，$\theta_{arf}$ は逆運動学で得られた各アーム出力軸での最終目標位置を示す．したがって，PTP 制御を行うには，逆運動学を 1 回計算した後，S 字加減速でモータ目標値 $\ddot{\theta}_{mr}, \dot{\theta}_{mr}, \theta_{mr}$ を生成し，式（6・45）からモータ駆動トルクを与えればよい．

　産業用ロボットコントローラでは，逆運動学と軌道生成を 1 つの CPU で，関節サーボ系を別の CPU で行うことが多い．しかし，最近のパソコンでは，電流制御系が内蔵されたサーボドライバ（モータ駆動用アンプシステム）を用意すれば，1CPU で 6 関節の逆運動学から速度制御系までを制御周期 1 ms 以下で実現できてしまうだろう．これは次の CP 制御でも同様である．

　PTP 制御での軌道制御のポイントは，各軸を同期（同時に動き始めて同時に停止する）させることである．それにはまず，どの関節が一番動作に時間がかかるか調べて，軌道生成のためのパラメータ（図 6・15，16 の形を決めるもの）を計算する．ここで，同じ関節動作範囲の場合，減速比が大きい方が時間がかかることになる．他の軸は，その軸の動作時間と同じになるように軌道パラメータを生成すればよいことになる．

　PTP 制御のバリエーションとして，**パス動作**または**ショートカット動作**と呼ばれるものがある．これはいくつかの教示点があったときに，途中の教示点を飛ばしてサイクルタイム（タクトタイムともいう）を短縮する方法である．例えば，**図 8・3** のアーチ形の動作（ピックアンドプレースでよく現れるパターン）で教示された B，C 点のコーナーを丸く動作させることである．ここで，丸みの

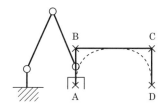

◆ **図8・3 パス動作** ◆

具合を**パス率**と呼び，可変にできる．　リフレッシュ8 で紹介した標準サイクルタイム用の動作パターンは，このようなパス動作を利用している．

2 CP 制御

図8・4 に CP 制御のブロック図を示す．PTP 制御との主な違いは，逆運動学を時々刻々（軌道制御周期ごとといってもよい）に解かなければならないことである．事前に全点解いておくというようなことは産業用ロボットコントローラではしない．それはメモリを消費しすぎるということと，途中で減速停止命令が入るなど，臨機応変な軌道生成が要求されているからである．CP 制御を行うには，S 字加減速で $\ddot{x}_r, \dot{x}_r, x_r$ を生成した後，次式からモータ目標値を求め，式 (6・45) を用いればよい．ここで，逆運動学の関数を $\boldsymbol{\varLambda}^{-1}$ とする．

$$
\left.\begin{array}{l}
\ddot{\boldsymbol{\theta}}_{mr} = \boldsymbol{N}\ddot{\boldsymbol{\theta}}_r = \boldsymbol{N}\boldsymbol{J}^{-1}(\ddot{\boldsymbol{x}}_r - \dot{\boldsymbol{J}}\dot{\boldsymbol{\theta}}_r) \\
\dot{\boldsymbol{\theta}}_{mr} = \boldsymbol{N}\dot{\boldsymbol{\theta}}_r = \boldsymbol{N}\boldsymbol{J}^{-1}\dot{\boldsymbol{x}}_r \\
\boldsymbol{\theta}_{mr} = \boldsymbol{N}\boldsymbol{\theta}_r = \boldsymbol{N}\boldsymbol{\varLambda}^{-1}(\boldsymbol{x}_r)
\end{array}\right\}
\tag{8・1}
$$

また，$\boldsymbol{N} = \mathrm{diag}(n_1, n_2, \cdots)$ である．なお，diag は対角行列を表す．

図 8・2 の PTP 制御では S 字加減速パターンを関節分生成する必要があるが，

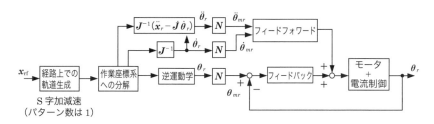

◆ **図8・4** CP 制御ブロック図 ◆

CP制御では直線や円弧など経路上で1つパターンを生成すればよい．このほかに，**図8・5**に示すようにスプライン関数を用いて必ず教示点AからDを通るような経路を作り，その経路上で，例えば一定速度となるような軌道を生成する方法もある．ここで注意すべき点は，直線上ではS字加減速でも関節角へ逆変換すると急激な角速度変化が現れることである．特異点近傍ではそれが顕著になり，動作速度をかなり落とさないとモータドライバでモータのトルクや速度リミットがかかる．CPを用いた作業では遂行可能か十分な事前検討が必要である．

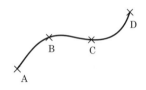

◆　**図8・5**　スプライン補間　◆

なお，フィードフォワードをしない場合には不要であるが，$\ddot{\theta}_{mr}$, $\dot{\theta}_{mr}$ など関節角度でのフィードフォワードに必要な加速度，速度目標値の計算にはヤコビ行列の逆行列 $\boldsymbol{J}^{-1}$ が必要となる．また，$\ddot{\theta}_r$ を生成するのに $\dot{\boldsymbol{J}}$ も必要となるが，CP時は動作速度をPTP時に比べて落とすのが普通であるから，特異点近傍のような $\boldsymbol{J}$ の変化が激しい座標で作業をしない限り，$\dot{\boldsymbol{J}}=\boldsymbol{O}$ として $\ddot{\theta}_r=\boldsymbol{J}^{-1}\ddot{\boldsymbol{x}}_r$ のように簡略化してもよい．

また，CP動作のとき手先姿勢の3自由度（ロール・ピッチ・ヨー）をどう補間するかは重要な問題である．例えば，同じ直線補間でも初期姿勢と最終姿勢が異なる場合，適当な方法で姿勢を回転させなければならない．姿勢角の補間はイメージしにくく，予期せぬ動作になることがある．そこで，初期姿勢と最終姿勢を，ある仮想の1軸回りに回転させる**1軸回転法**や，手先のロール軸の回転を分離した**2軸回転法**を用いた補間が使われる[1]．一般に，1軸回転法では2つの解が存在し，2軸回転法ではオイラー角を用いる場合に表現上の特異点（ジンバルロック）が生じるので，それぞれ実装では注意が必要である．ここで，1軸回転法による補間では，パラメータ4つで表され値域が有限の単位クォータニオン（オイラーパラメータ）を用いれば，一意に解が得られるので大変便利である[2]．ちなみに，ロボット開発用のプラットフォームである**ROS**（Robot Operating

System）で標準的に使われている TF（TransForm）という座標変換パッケージでは，単位クォータニオンが基本となっており，4×4 の同次変換行列やパラメータ 3 つで表すオイラー角との相互変換も可能である．

3 | 多項式による逐次的軌道生成

　6 章で紹介し，8-1 節でも使った S 字加減速が使いにくい場合がある．例えば，視覚フィードバックを用いたターゲットのトラッキングを考えてみよう．最終位置が確定せず，常に移動しているので，図 6·16 のような S 字加速度パターンを計算してもすぐに意味がなくなってしまう．ここでは，このような場合に有効な**軌道生成法**を説明する[3]．

　まず，CCD カメラなどの視覚装置があり，ターゲットが何秒後（t_f）にどこ（x_f）に存在するか推定するアルゴリズムが実装されているとしよう．ロボットの手先を t_f 後に x_f に動作させるには，次のようにすればよい．

　x_f を逆変換し関節角目標位置 θ_f を求める．以下の処理は関節数分だけ行う必要がある．現在位置 θ_0，速度 $\dot{\theta}_0$ とすると，始点，終点の境界条件および速度連続条件から次式が得られる．

$$\theta(0) = \theta_0 \tag{8·2}$$

$$\dot{\theta}(0) = \dot{\theta}_0 \tag{8·3}$$

$$\theta(t_f) = \theta_f \tag{8·4}$$

$$\dot{\theta}(t_f) = \dot{\theta}_f \ （=0 \ とする） \tag{8·5}$$

式（8·2）～（8·5）を満たす時刻 t の多項式は，次のように 3 次式で表される．

$$\theta(t) = a_3 t^3 + a_2 t^2 + a_1 t + a_0 \tag{8·6}$$

$$\dot{\theta}(t) = 3a_3 t^2 + 2a_2 t + a_1 \tag{8·7}$$

$$\ddot{\theta}(t) = 6a_3 t + 2a_2 \tag{8·8}$$

式（8·2）～（8·5）を式（8·6），（8·7）に代入して，

$$\theta(0) = a_0 = \theta_0 \tag{8·9}$$

$$\dot{\theta}(0) = a_1 = \dot{\theta}_0 \tag{8·10}$$

$$\theta(t_f) = a_3 t_f^3 + a_2 t_f^2 + a_1 t_f + a_0 = \theta_f \tag{8·11}$$

$$\dot{\theta}(t_f) = 3a_3 t_f^2 + 2a_2 t_f + a_1 = \dot{\theta}_f = 0 \tag{8·12}$$

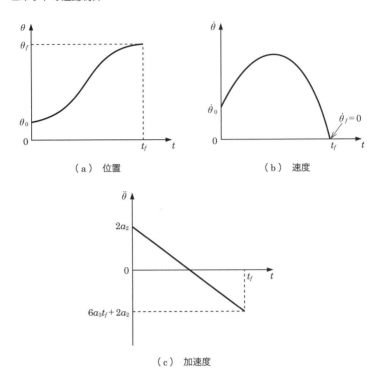

（a）位置　　　　　　　　　　　　　（b）速度

（c）加速度

◈ **図 8・6　3 次式による軌道生成** ◈

　式 (8・9)〜(8・12) を解くと a_0 から a_3 が求まる．したがって，求められた 3 次式をグラフに表すと**図 8・6**のようになる．

$$a_0 = \theta_0 \tag{8・13}$$

$$a_1 = \dot{\theta}_0 \tag{8・14}$$

$$a_2 = \frac{1}{t_f^2} [3(\theta_f - \theta_0) - 2\dot{\theta}_0 t_f] \tag{8・15}$$

$$a_3 = \frac{1}{t_f^3} [-2(\theta_f - \theta_0) + \dot{\theta}_0 t_f] \tag{8・16}$$

　式 (8・13)〜(8・16) は簡単であり，視覚装置から新しい情報 (t_f, x_f) が入るたびに即座に計算でき，速度まで連続した軌道を生成することができる．ここでは PTP 動作で考えたが，目標点まで直線補間で動かしたい場合は，経路上の軌道を 1 つ生成して毎周期関節角へ逆変換すればよい．

　以上のような3次多項式の例では，加速度が不連続になる．このような場合には始点，終点の境界条件を加速度まで与えれば連続になり（5次の多項式となる），関節の振動を励起しないような軌道を生成することができる．ただし，軌道の立上りが遅いので，最高速度が3次式の場合よりも大きくなってしまう．

8-2 ヤコビ行列を用いた逆運動学の解法とは

　7章で示したように，逆運動学の解を得るのは容易ではない．特に作業範囲を広げるために，各リンク間にオフセットをつけると解が求まらないことが多い．ここでは2通りの解決法を紹介しよう．

1 J^{-1}（逆ヤコビ行列）による逆運動学の解法

　これは**ニュートン・ラフソン法**を用いたものであり，次式のように繰り返し計算によって収束した θ_{r_i} を**逆運動学**の解として採用するものである．

$$\theta_{r_{i+1}} = \theta_{r_i} + KJ^{-1}(\theta_{r_i}) \cdot (x_r - x_{r_i}) \qquad (i=1,2,3,\cdots) \qquad (8\cdot17)$$

$$x_{r_i} = \Lambda(\theta_{r_i}) \qquad\qquad (8\cdot18)$$

ここで，K は収束チューニング用ゲインである．PTP 制御のように，現在位置と最終位置が大きく離れているような場合には，収束しない恐れがある．しかし，CP 制御のように，軌道生成を周期ごとに逆運動学で解く場合は，現在（目標）位置と最終目標位置が極めて近くにあるので収束計算は1回程度でよく，実用的な方法である(PTP 制御にも応用できる)．この場合，式（8·17）を変形して，

$$\theta_{r_{i+1}} = \theta_i + J^{-1}(\theta_{r_i}) \cdot (x_r - x_i) \qquad (i=0,1,2,\cdots) \qquad (8\cdot19)$$

としてみる．ここでは，$K = I$ とし，$\theta_{r_i} \fallingdotseq \theta_i$，$x_{r_i} \fallingdotseq x_i$ と仮定した．

　式（8·19）を関節サーボ系の目標値として与えると，現在位置 θ_i のフィードバックループが消去され，**図 8·7** のようなブロック図が得られる．

$$\dot{\theta}_{r_{i+1}} = J^{-1}(\theta_{r_i}) \cdot (x_r - x_i)/\Delta T \qquad\qquad (8\cdot20)$$

と近似すれば，速度目標値が得られる．さらに差分すると加速度目標値も得られるので，速度，加速度目標値のフィードフォワードもできる．ただし，この差分では値が不連続になる可能性を含んでいるので注意が必要である．

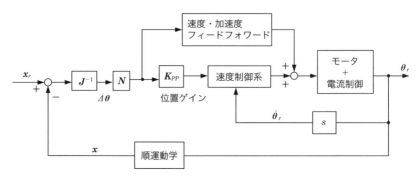

◈ **図 8・7**　逆ヤコビ行列を用いた運動制御 ◈

2 J^T（転置ヤコビ行列）による逆運動学の解法

　この方法は「位置偏差に比例した力を J^T で関節トルクに変換する」という考え方を用いており，J^{-1} を解かなくてもよいのがポイントである．**図 8・8** に示すブロック図を用いて，モータのシミュレーションの要領で収束計算を行えば，θ_r と $\dot{\theta}_r$ を同時に求められる．図 8・8 のモータモデルは積分器 1 個であるが，あらかじめ大きな速度フィードバックをかけてあると思えばよい．J^T 法では，各リンク長や直動，回転関節の配置によっては，ゲイン行列のチューニングが難しいことがあり，解の収束性は J^{-1} 法のほうが優れている．しかし，特異点通過や冗長アームへの対応が容易であるという点で J^T 法は有効な方法である[4]．

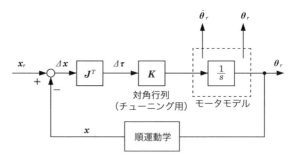

◈ **図 8・8**　転置ヤコビ行列を用いた逆運動学の解法 ◈

8-3　ロボットの動的な位置制御を学ぼう

　8-1 節までで，ロボットの位置制御は，ロボット各軸の位置制御を独立に行えば達成できると考えて議論を進めてきた．世の中の 90% 以上のロボットはこの考えに基づいて動いているといえる．しかし，DD ロボットのように，各軸間に働く干渉力を無視できないケースがある．この場合，多リンク系の運動方程式に基づく動的制御が有効となる．**動的制御**にはフィードフォワード形とフィードバック形（**計算トルク法**と呼ばれる）があり，後者のほうが関節角センサから得られた実際の関節変数を用いるので軌道追従性が良い．ここでは，図 6・19 のフィードフォワードの部分を変更するだけでよい前者の方法について説明する．

1　ロボット（多リンク系）の運動方程式

　一般に，ロボットアームは次のような運動方程式で表される．

$$M(\theta)\ddot{\theta} + h(\theta, \dot{\theta}) + D\dot{\theta} + f(\dot{\theta}) + g(\theta) = \tau \tag{8・21}$$

　ただし，θ：関節変位

　　　　τ：駆動トルク

　　　　$M(\theta)\ddot{\theta}$：慣性力項

　　　　$h(\theta, \dot{\theta})$：遠心力およびコリオリ力項

　　　　$D\dot{\theta}$：粘性摩擦力項

　　　　$f(\dot{\theta})$：動摩擦力項

　　　　$g(\theta)$：重力項

　フィードフォワード形の動的制御では，式（8・21）の各物理パラメータ $M(\theta)$ などの同定値 $\hat{M}(\theta)$ などを用いて，

$$\tau_{FF} = \hat{M}(\theta_r)\ddot{\theta}_r + \hat{h}(\theta_r, \dot{\theta}_r) + \hat{D}\dot{\theta}_r + \hat{f}(\dot{\theta}_r) + \hat{g}(\theta_r) \tag{8・22}$$

のような目標軌道 $\theta_r, \dot{\theta}_r, \ddot{\theta}_r$ でのフィードフォワード入力を**図 8・9** に示すように合成する．このように位置，速度，加速度から関節トルクを算出することを**逆動力学を解く**という．理想的には $N^{-1}\tau_{FF}$ をモータに与えれば目標軌道に一致するように制御される．しかし，同定値には誤差が含まれているので，目標軌道には

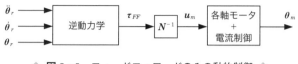

◆ **図 8・9**　フィードフォワードのみの動的制御 ◆

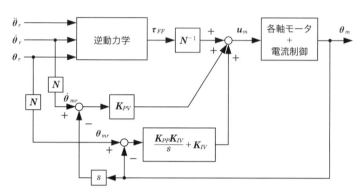

◆ **図 8・10**　関節サーボ付きフィードフォワード形動的制御 ◆

完全に一致しない．そこで，6章で述べたようなフィードバック制御系を組み合わせたのが**図 8・10**である．このときの制御入力 u_m は，

$$u_m = N^{-1}\tau_{FF} + \left(\frac{K_{PP}K_{IV}}{s} + K_{IV}\right)(\theta_{mr} - \theta_m) + K_{PV}(\dot{\theta}_{mr} - \dot{\theta}_m) \qquad (8\cdot23)$$

で表せる．ここでは，K_{IV} などを関節数次元の対角行列としている．式（8・23）は図 6・19 において，$\hat{J}\ddot{\theta}_{mr} + \hat{D}\dot{\theta}_{mr}$ の代わりに $N^{-1}\tau_{FF}$ とし，$K_{RP} = I$，$K_{RV} = K_{PV}$ と設定したときの制御則である．

　このようにフィードフォワード形の動的制御は，関節サーボ系からの移行がしやすいことがわかる．一方，フィードバック形では目標値がないときでも干渉力の補償がなされて精度良い制御ができるが，関節サーボ系で決めたフィードバックゲインがそのまま使えないという問題がある．いずれにせよ，動的制御はパラメータ同定の精度に依存し，高速で動力学を解く必要がある．

2 │ 2自由度アームのダイナミクス

次に例題として**図 8・11** に示す 2 自由度ロボットアームの運動方程式を解いてみよう．ここでは，ラグランジアンを用いて運動方程式を導出する．

運動エネルギーを K，位置エネルギーを P，ラグランジアンを L，一般化力を F とする．

$$\left.\begin{array}{l} L = K - P \\[2mm] F_i = \dfrac{d}{dt}\dfrac{\partial L}{\partial \dot{q}_i} - \dfrac{\partial L}{\partial q_i} \end{array}\right\} \tag{8・24}$$

一般化座標として $q_1 = \theta_1$，$q_2 = \theta_2$，一般化力として $F_1 = \tau_1$，$F_2 = \tau_2$ とする．各関節に質量 m_1，m_2 があるとすると，リンク 1 については，

$$\left.\begin{array}{l} K_1 = \dfrac{1}{2} m_1 l_1{}^2 \dot{\theta}_1{}^2 \\[2mm] P_1 = m_1 g l_1 S_1 \end{array}\right\} \tag{8・25}$$

となり，リンク 2 については $v_2{}^2 = \dot{x}_2{}^2 + \dot{y}_2{}^2$ から，

$$\left.\begin{array}{l} K_2 = \dfrac{1}{2} m_2 v_2{}^2 \\[2mm] \quad = \dfrac{1}{2} m_2 l_1{}^2 \dot{\theta}_1{}^2 + \dfrac{1}{2} m_2 l_2{}^2 (\dot{\theta}_1{}^2 + 2\dot{\theta}_1 \dot{\theta}_2 + \dot{\theta}_2{}^2) + m_2 l_1 l_2 C_2 (\dot{\theta}_1{}^2 + \dot{\theta}_1 \dot{\theta}_2) \\[2mm] P_2 = m_2 g l_1 S_1 + m_2 g l_2 S_{12} \end{array}\right\} $$

$$\tag{8・26}$$

◈ **図 8・11** 2 自由度アーム ◈

となる．これより $L = K_1 + K_2 - P_1 - P_2$ を求め，式（8·24）に代入すると，運動方程式は次式で表せる．

$$
\begin{bmatrix} \tau_1 \\ \tau_2 \end{bmatrix} = \begin{bmatrix} I_{11} & I_{12} \\ I_{21} & I_{22} \end{bmatrix} \begin{bmatrix} \ddot{\theta}_1 \\ \ddot{\theta}_2 \end{bmatrix} + \begin{bmatrix} h_{111} & h_{112} \\ h_{121} & h_{122} \end{bmatrix} \begin{bmatrix} \dot{\theta}_1^{\,2} \\ \dot{\theta}_2^{\,2} \end{bmatrix} + \begin{bmatrix} h_{211} & h_{212} \\ h_{221} & h_{222} \end{bmatrix} \begin{bmatrix} \dot{\theta}_2\dot{\theta}_1 \\ \dot{\theta}_1\dot{\theta}_2 \end{bmatrix}
$$
$$
+ \begin{bmatrix} g_1 \\ g_2 \end{bmatrix} \tag{8·27}
$$

ここで，第1項は**慣性力**，第2項は**遠心力**，第3項は**コリオリ力**，第4項は**重力**を表している．ただし，各パラメータは以下のとおりである．

$$
\begin{aligned}
&I_{11} = (m_1 + m_2)l_1^{\,2} + m_2 l_2^{\,2} + 2m_2 l_1 l_2 C_2 \equiv \alpha + 2\gamma C_2 \\
&I_{22} = m_2 l_2^{\,2} \equiv \beta \\
&I_{12} = I_{21} = m_2 l_2^{\,2} + m_2 l_1 l_2 C_2 \equiv \beta + \gamma C_2 \\
&h_{111} = h_{122} = 0 \\
&h_{112} = -m_2 l_1 l_2 S_2 \equiv -\gamma S_2 \\
&h_{121} = m_2 l_1 l_2 S_2 \equiv \gamma S_2 \\
&h_{211} = h_{212} = -m_2 l_1 l_2 S_2 \equiv -\gamma S_2 \\
&h_{221} = h_{222} = 0 \\
&g_1 = (m_1 + m_2)gl_1 C_1 + m_2 g l_2 C_{12} \equiv \varepsilon C_1 + \varphi C_{12} \\
&g_2 = m_2 g l_2 C_{12} \equiv \varphi C_{12}
\end{aligned} \tag{8·28}
$$

この例題では，関節のみに質量があると仮定したが，実際には各リンクの重心や重心回りの慣性モーメントなどがあり，さらに複雑になる．ここで，$\alpha, \beta, \gamma, \varepsilon,$ φ は運動方程式の**基底パラメータ**[†]と呼ばれ，ロボットアームの動作データに対

リフレッシュ24　順動力学と逆動力学

　動力学にも順と逆がある．ここで説明しておこう．目標軌道（位置，速度，加速度）から各関節トルクを求めることを**逆動力学**，関節トルクから先端の運動を求めることを**順動力学**という．順動力学はアームのパラメータが正しければ，アームがどのように運動するかシミュレーションすることができるので，事前にアームの運動を評価することができる．動的制御を行う場合には逆動力学を用いる．

[†]　ここでは，l_1, l_2, g は未知とした表現にしている．

してオフラインで最小2乗法を適用すれば,実際に同定可能である[5].同定した基底パラメータを用いれば,式(8・28)はオンラインで容易に計算でき,動的制御を実現できる.動的制御が有効となる減速比は動作加速度にもよるが,30から50以下が目安となるであろう.DDロボットでは I_{11} と I_{12} が同じ程度の大きさになるので,干渉力は無視できない.

8-4 位置制御系に振動抑制制御を追加してみよう

近年,製造業やサービス業で用いられる多関節型のロボットアームでは,生産性向上のために,ますます,高加減速で高速な動作が要求されている.そのため,減速機を用いたロボットアームであっても,姿勢変化による慣性力の変化や各関節間の干渉力が無視できなくなっている.そこで,動的なフィードフォワードを用いて軌道追従性を高めた位置制御系が必須になってきた.しかし,前節までに述べた逆動力学モデルに基づくフィードフォワード制御は,関節剛性を考慮していないので振動を励起してしまう.このような場合に,6-7節で述べた振動抑制制御を多関節型に拡張して追加すると,軌道追従性を高めたまま,残留振動を抑制することができる[6].

図8・12 は,関節毎の位置制御ループにおいて,逆動力学に基づくフィードフォワード τ_{FF} で軌道追従性を高め,関節剛性を考慮した動力学モデルに基づく状態オブザーバで推定した軸ねじれ角速度のフィードバック τ_{FB} で振動抑制をする場合のブロック図である.このブロック図での各目標値はモータ角 θ_{mr} で与えている(ここでは減速比 n の表記を省略).また,速度制御ループにFF-I-P制御を用いているので,図6・19で説明したフィードバック制御による遅れを補償するフィードフォワードについては,$K_{RV}=K_{PV}-K_{FV}$,$K_{RP}=1.0$ として設定した.

上記の位置制御系を**図8・13**に示す産業用垂直多関節ロボットアームのコントローラに組み込んだ結果について紹介する[7].**図8・14**は,アーム先端の位置制御の精度を評価するための鉛直面内でのPTP動作パターンである.この動作には,6軸ロボットアームの第2,3,5軸を用いている.**図8・15**(a),(b)は,位置制御のPTP動作終端部での振動抑制制御有無での時間応答の比較で,縦軸

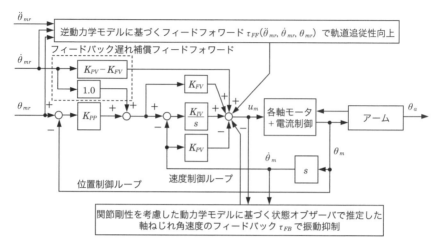

◆ **図 8・12** 逆動力学モデルに基づくフィードフォワードと軸ねじれ角速度推定に基づく ◆
フィードバックによる位置制御系

◆ **図 8・13** 振動抑制制御を追加した動的な位置制御系の検証に用いた ◆
垂直多関節ロボットアーム

はアーム先端の接線方向の位置〔m〕（重力方向）を示している．同図中の一点
鎖線はアーム先端の目標位置，破線は各モータ角から減速比と順運動学を用いて
計算した仮想的な位置，実線はアーム角から計算した位置である．アーム位置

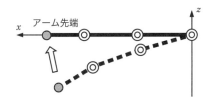

◈　**図 8・14**　位置制御におけるアーム先端の振動抑制制御の効果を評価する　◈
　　　ための鉛直面内での PTP 動作パターン

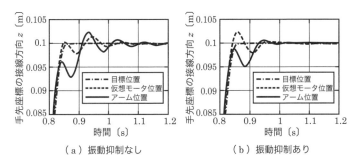

（a）振動抑制なし　　　　　　　（b）振動抑制あり

◈　**図 8・15**　位置制御の PTP 動作終端部での振動抑制制御有無での時間応答比較　◈

は，ロボットアーム先端に取り付けた**加速度センサ**とモータエンコーダの値を両方用いた融合演算[†]によって計算した計測専用のもので，位置制御系では使われていない．

　図 8・15（a）では，仮想モータ位置については，目標位置が収束するまでの追従性は良いが，その結果，アーム位置が大きく約 2.5 mm オーバーシュートし，残留振動も長く続いてしまっている．一方，同図（b）では，仮想モータ位置をオーバーシュートさせることによって（図 6・25（a）と同様な作用），オーバーシュートも残留振動もないアーム位置の時間応答が実現されていることがわかる．このように良い制御効果を得るためには，動力学モデルの物理パラメータを精度良く同定することが必須である．文献 8）では外付けの加速度センサを併用していたが，文献 6）では，各軸のモータエンコーダと電流指令値のデータだけを用いて，線形最小 2 乗法と非線形最小 2 乗法を組み合わせることによって，

---

†　このように 2 つのセンサ値を融合する演算⁸⁾を**相補フィルタ**と呼ぶ．

リフレッシュ 25　　振動抑制制御と慣性比

　振動抑制制御の方法は一通りではない．それを決める要素に**慣性比**があり，2慣性系で言えば，負荷側の慣性がモータ側の慣性の何倍かを表す数値である．慣性比が大きいと，負荷側からモータ側へのトルクの反作用が大きくなるので，精度の良い動力学モデルに基づく状態オブザーバが構築できれば，モータエンコーダ値から負荷側の状態変数を推定することができる．ロボットアームは，一般に2慣性系が直列に並ぶ複雑な**連成振動系**ではあるが，慣性比が 1.0 以上で大きいので，本節で述べたような振動抑制制御が有効である．しかし，慣性比が 0.1 以下など特に小さい制御対象では，反作用も返ってこないので，状態オブザーバを構築することが困難である．その場合は，負荷側のセンサ値も用いる振動抑制制御が不可欠となる．

リフレッシュ 26　　サーボ制御の実装経験

　最近は，ロボットアームを買ってきて実験するようなことが増えてきて，各関節のフィードバック/フィードフォワード制御，すなわちサーボ制御を自分で実装する機会がなくなってきた．研究の動機が ROS の MoveIt![†] に代表される上位系に移り，ロボットアームのサーボ制御がブラックボックス化してきている．しかしながら，今後ロボットコントローラのオープン化が進んできて，ユーザ自らが選択するロボットアームのメカニズムの仕様に合わせてサーボ制御系を設計・調整しなければ，要求の性能を満たせなくなるかも知れない．たとえ実機がなくとも，オープンソースソフトウェアの物理シミュレータを使うなどして，サーボ制御を実装する肌感覚を養って欲しい．

[†]　マニピュレーションにおける作業計画（モーションプランニング）のソフトウェアパッケージ．例えば，スタートからゴールまで障害物回避をしながら，箱から箱へ対象物を移動させるための3次元経路と時間軌道を生成する．

関節剛性を考慮したロボットアームの物理パラメータを精度良く同定する方法を示している．

　本節の振動抑制制御の方法は，関節剛性を考慮した動力学モデルを作りさえすれば，一般の多関節ロボットアームに応用可能である．

8-5　これから重要となるロボットの力制御とは

　ロボット先端の力を制御する方法について説明する．位置制御だけでは位置誤差があると，はめ合いなどができなくなる．実際にワークなどを正確に±数 mm の精度で設置するのは大変なことである．そのような誤差をロボットが吸収してくれないだろうか？　1 つには 4 章で述べたように，ばねなどを用いて機械的に（**受動的**ともいう）対応する方法がある．ここでは制御的に（**能動的**ともいう）ばねのような動作を実現する方法について説明する．**図 8・16** にグラインダ作業ロボットに力制御を適用し，曲面にならって研磨しているところを示した．

　このようにロボットが力を加減できるようになることで，仕事の内容が飛躍的に豊富になる．特に将来，人間と共存するようなロボット，やさしいロボットには力制御がなくてはならない．

　力制御には，直接トルクを制御する方式と間接的に力情報を基に位置を制御する方式がある[5]が，本節では実用性の高い位置制御形の力制御方式として，イン

◆　**図 8・16**　グラインダ作業における力制御[9]　◆

ピーダンス制御，力制御，スティフネス制御，力センサレス制御について説明する．

1 インピーダンス制御の考え方

インピーダンス制御とは，ロボットに外力が加わったとき，外力とその外力による変位が希望する質量-ばね-粘性系の応答となるようにモータの駆動トルクを与える方法である．例えば，**図 8・17**に示す 1 自由度の系で考えてみよう．この応答を与える系は次式で表せる．

$$m_r \Delta \ddot{x}_r + d_r \Delta \dot{x}_r + k_r \Delta x_r = \Delta f \qquad (8 \cdot 29)$$

ここで，$\Delta x_r = x - x_r$：基準位置 x_r からの変位，m_r：モデル質量，d_r：モデル粘性摩擦係数，k_r：モデルばね定数，$\Delta f = f - f_r$：基準力 f_r からの力である．ブロック図は**図 8・18**に示すようになる．

ここで，例えば，$m_r = 10$ kg，$d_r = 40$ N・s/m，$k_r = 600$ N/m と設定して，パルス状の Δf を加えると，時間応答は**図 8・19**のように機械モデルの減衰と同じ動特性が得られる．このとき，減衰係数 $\zeta = 0.258$ とした．

次に，手首に 6 軸力センサが装着されて外力 **f** が計測できるロボットにおいて，x 方向の力 f_x に対してインピーダンスを持つように制御してみよう．このとき，ロボットは止まっていても動いていても構わない．制御ブロック図は**図 8・20**のようになる．図中の **S** は**コンプライアンス選択行列**と呼ばれ[3]，この場合，x 方向だけインピーダンス制御するので，

$$\boldsymbol{S} = \mathrm{diag}[1,0,0,0,0,0] \qquad (8 \cdot 30)$$

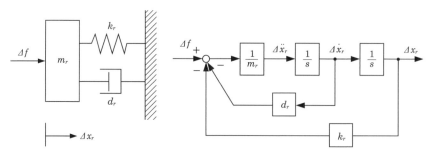

◆ **図 8・17　インピーダンスモデル** ◆　◆ **図 8・18　インピーダンスモデルのブロック図** ◆

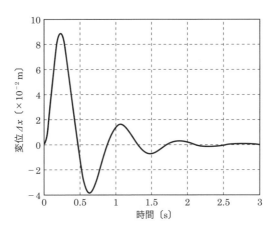

◈　**図 8・19　インピーダンスモデルの応答例**　◈

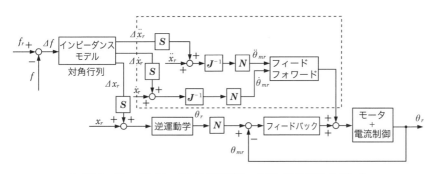

◈　**図 8・20　インピーダンス制御ブロック図（力制御も含む）**　◈

である.

　図 8・20 で，フィードフォワードが不要であれば点線内は実施しなくてよい.
ここでは，x 方向だけインピーダンス制御を行ったが，S を用いることで力制御
と位置制御の方向を自由に選べる. ただし，S 行列の 1 の数だけ**インピーダンス
モデル** $(m_r s^2 + d_r s + k_r)^{-1}$ からの出力を計算する必要がある[†]. 計算量としては
位置制御だけのときに比べて大幅な増加はない.

　したがって，インピーダンス制御を行うには，次式からモータ目標値を求め，
式 (6・45) を用いて駆動トルクを与えればよい.

[†]　近年では，$(m_r s^2 + d_r s + k_r)^{-1}$ を用いて位置制御の目標値を修正する方法は，インピーダンスの逆
　　数の形から，アドミッタンス制御と呼ぶようになっている.

$$\Delta \ddot{\boldsymbol{x}}_r = \frac{1}{m_r} [- d_r \Delta \dot{\boldsymbol{x}} - k_r \Delta \boldsymbol{x} + (\boldsymbol{f}_x - \boldsymbol{f}_r)]$$

$$\Delta \dot{\boldsymbol{x}}_r = \frac{1}{s} \Delta \ddot{\boldsymbol{x}}_r \qquad\qquad (8 \cdot 31)$$

$$\Delta \boldsymbol{x}_r = \frac{1}{s} \Delta \dot{\boldsymbol{x}}_r$$

$$\ddot{\boldsymbol{\theta}}_{mr} = \boldsymbol{N} \boldsymbol{J}^{-1} (\ddot{\boldsymbol{x}}_r + \boldsymbol{S} \Delta \ddot{\boldsymbol{x}}_r)$$

$$\dot{\boldsymbol{\theta}}_{mr} = \boldsymbol{N} \boldsymbol{J}^{-1} (\dot{\boldsymbol{x}}_r + \boldsymbol{S} \Delta \dot{\boldsymbol{x}}_r) \qquad (8 \cdot 32)$$

$$\boldsymbol{\theta}_{mr} = \boldsymbol{N} \boldsymbol{\Lambda}^{-1} (\boldsymbol{x}_r + \boldsymbol{S} \Delta \boldsymbol{x}_r)$$

ただし, $\ddot{\boldsymbol{\theta}} \fallingdotseq \boldsymbol{J}^{-1} \ddot{\boldsymbol{x}}$

2 ｜ 力制御

　力制御の場合，図 8·18 で $k_r = 0$ として積分特性を持たせたインピーダンスモデルを用いれば 1 形サーボ系になり，定常偏差なくステップ上の力目標値 f_r に追従させることができる．対象物から離れているところから力制御を始めるには，$f_r = 0$，$k_r \neq 0$ として対象物に近づけて，$f \neq 0$ となったら $f_r \neq 0$，$k_r = 0$ とすればよいだろう．力制御の場合は，コンプライアンス選択行列の 1 の数は通常は x 方向といったように 1 つであるが，角に押付けるようなときには 2 つになることもある．例えば，**図 8·21** のガラス拭きの例では X_c 方向に力制御，Y_c 方向に位置制御を行えばよい．

　このように，力制御でもインピーダンス制御と同じ枠組みが使えることがわか

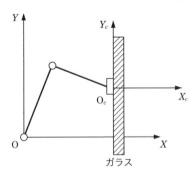

◈ **図 8・21**　力制御と位置制御の方向を ◈
制御したガラス拭きの例

る．力制御の対象物が固いときには，インピーダンスモデルの m_r, d_r, k_r の比を保ちながら値を大きくしてループゲインを下げる必要がある．また，インピーダンスモデルが２次フィルタになっているため，別途ノイズ除去用のローパスフィルタを挿入する必要はない．なお，ここで紹介したインピーダンス制御はインピーダンスモデルフォローイング制御に分類されるもので，トルク指令によって閉ループ特性を規定する厳密なインピーダンス制御ではない．

3 力センサを用いないスティフネス制御

次に，ロボットアーム先端の剛性を力センサを用いずに関節の**サーボ剛性**で制御する方法を考えてみよう．作業座標で手先が K_{PX} という剛性を持つものとすると，

$$f = K_{PX}\delta x \qquad (8\cdot33)$$

となる．ここで，K_{PX} は 6×6 の対角行列で３つの剛性と３つのねじり剛性を成分とする．

ヤコビ行列を用いて関節角空間に変換すると，

$$f = K_{PX}J(\theta)\delta\theta \qquad (8\cdot34)$$

さらに，静的な力 $\tau = J^T f$ を考慮して関節トルクに変換すると，

$$\tau = J^T(\theta)K_{PX}J(\theta)\delta\theta \qquad (8\cdot35)$$

となる．ここで，関節が次式の PD（比例・微分）制御されているとする．

$$\tau = K_P e + K_V \dot{e} \qquad (8\cdot36)$$

K_P，K_V は定数ゲインの対角行列であり，e は関節角誤差 $(\theta_d - \theta)$ とする．したがって，$K_P = J^T K_{PX} J$ とすれば，次式によって作業座標での剛性を関節座標での剛性で実現することができる．これを**スティフネス制御**という．

$$\tau = J^T(\theta)K_{PX}J(\theta)e + K_V\dot{e} \qquad (8\cdot37)$$

したがって，位置 PD 制御でゲインを弱めればスティフネス制御が可能となり，簡単なはめ合い作業ならば力センサを使わずに実行できるのである．重力がかかる場合は，**重力補償**（運動方程式の $g(\theta)$ を計算してフィードフォワード）をしたほうがさらに感度は良くなる．

4 | 動力学モデルに基づくセンサレス力・インピーダンス制御

力センサは高価であり，壊れやすい．上記の力センサを用いない（センサレス）のためのスティフネス制御では，モータの位置制御系において，積分器の入っていない PD 制御系が用いられ，さらに，サーボ剛性をゆるめて実現されている．そのため，積分器が入っていて，かつ，サーボ剛性の高い産業用ロボットのコントローラには実装しにくい．そこで，ロボットアームの位置制御系を全く変更せずに実現できる，動力学モデルに基づくセンサレス力・インピーダンス制御について紹介する[10]．

垂直多関節型の 6 軸ロボットアームを対象とし，**図 8・22** に全体のブロック図を示す．通常のモータ角度 θ_m に基づく位置・速度制御系を用いている．その上で，ロボットアームの動力学モデルに基づいて算出した関節の駆動トルク推定値と実際のモータを駆動するトルク指令値の差から，**力センサレス**で外力 3 成分及び**モーメント** 3 成分を推定し，力・インピーダンス制御を実現できる[†]．

図 8・22 右下の動力学モデルのブロックでは，現在のモータ角度 θ_m，角速度 $\dot{\theta}_m$，角加速度 $\ddot{\theta}_m$（アームの関節角 θ はその減速比分の 1）を用いて，式（8・21）で関節駆動推定トルク $\hat{\tau}$ が計算されている[††]．ここで，ロボットアームの先端に外力 f_d が加わると，$\hat{\tau}$ と駆動トルク指令値との間に差分トルク $\hat{\tau}_d$ が発生する．このトルク差分から，アーム先端に作用する外力 $\hat{f}_d$ は，仮想仕事の原理より，

$$\hat{f}_d = (J^T)^{-1}\hat{\tau}_d \tag{8・38}$$

のように求められる．J はヤコビ行列であり，関節角 θ の微小変化 $\Delta\theta$ とアーム先端位置の微小変化 Δx を，

$$\Delta x = J(\theta)\Delta\theta \tag{8・39}$$

として関係づけている．推定外力 $\hat{f}_d$ が得られれば，8-5 節の 1 と同様に，力・モーメント目標値から差し引いた信号をインピーダンスモデルに与えてアーム先端補正量を算出し，位置指令値を補正すればよい．ただし，この例における補正

[†] 力センサを用いる場合に比べて，制御できる力の分解能は高くないので，堅い対象物同士が接触するような作業に向いている．

[††] 文献 10）では，非線形摩擦力 $f(\dot{\theta})$ を詳細にモデリングしている．

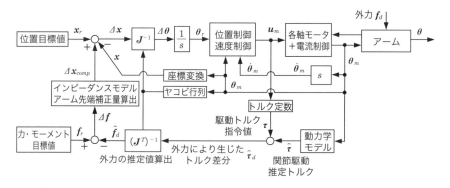

◆ **図 8・22** 動力学モデルに基づくセンサレス力・インピーダンス制御 ◆

量の計算では,

$$\left(1+\frac{K_A}{s}\right)K_F(Ms^2+Ds+K)^{-1} \tag{8・40}$$

のように,PI 制御をインピーダンスモデルの後段に入れている.この PI 制御は,推定外力が 0 のとき,すなわち,対象物との非接触状態のときに,力・モーメント目標値を積分して対象物にアプローチする軌道を自動的に生成する機能を持つ.そして,接触後は 1 型サーボ系として機能し,その力・モーメント目標値を達成できる.この PI 制御ゲイン,K_F,K_A を調整することによって,力・モーメント目標値やインピーダンスモデルとは独立に,アプローチの速度を調整できるのが特長である.

また,図 8・22 に示すように逆運動学にもヤコビ逆行列を用いることによって,アーム先端の座標系でのフィードバック制御系を構成し,座標変換に入り込んで

リフレッシュ 27　ヤコビ行列の大活躍

　紹介したセンサレス力制御では,ヤコビ行列が大活躍している.これは,近年のCPU パワーや行列演算ライブラリの充実によって,逆ヤコビ行列がリアルタイムで計算できるようになったことが大きい.ここで計算しているのは,**基礎ヤコビ行列**,または,**幾何学的ヤコビ行列**と呼ばれているものである.実は,**解析的ヤコビ行列**と呼ばれるものもあり,この 2 つのヤコビ行列は,ある 1 つの回転行列で相互に変換できる.調べてみてほしい.

（a）　教示位置誤差吸収のための突き当て動作　　　　　（b）　ピン挿入動作

◆　**図8・23　センサレス力・インピーダンス制御による作業の例**　◆

くる幾何学的な誤差や，各関節の応答性のバラツキを吸収している．

　このセンサレス力制御によって，アーム先端の並進力とモーメントを推定でき，**図8・23**（a），（b）に示すような6軸の垂直多関節ロボットアームによる，教示位置誤差吸収のための突き当て動作やピン挿入動作を実現することができる．特に，ピン挿入動作では，ピンの位置とともにピンの方向も制御しないと，穴への食いこみが発生してしまうので，モーメントの推定が重要である．このモーメントの作用点を**コンプライアンスセンター**と呼び，これを自在に制御することが力制御のキーになる．

　さらに，センサレス力制御の副次的な効果として，ヤコビ行列を用いた仮想仕事の原理を用いているため，力センサでは計測できない，ロボットアームの手首より上の部分の任意の場所にかかる外力も推定することができる．

リフレッシュ 28　ソフトリアルタイムとハードリアルタイム

　ROS 自体にはリアルタイム性がないので，その枠組みでフィードバック制御が実装できるわけではない．新たに開発中の ROS2 ではリアルタイム性が考慮され，1 ms 程度での応答が実現されるようである．ただし，これは「1 ms 前後で揺れはある」という意味なので，1 ms の**ソフトリアルタイム**と呼ぶ．しかし，その下の階層の位置・速度制御ループの実装には使えない．例えば，モータに組み合わせる減速機の手前（高速段）に剛性が無視できないベルトが入っているような場合で，もし機械共振が 500 Hz にあれば，制御周期 1 ms，すなわち 1 000 Hz ではナイキスト周波数が 500 Hz で，高速回転時に安定に制御できないのは明らかである．この場合の目安として，位置・速度制御ループには 0.25 ms の制御周期が必要になる．同時に定時性も要求されるので，0.25 ms の**ハードリアルタイム**と呼ぶ．上位からの位置目標値（軌道）の更新周期については 1 ms のソフトリアルタイムでも良いが，速度目標値や加速度目標値を用いたフィードフォワードを併用する場合は，1 ms のハードリアルタイムが要求される．この場合，位置・速度制御ループはハードリアルタイム OS を備えた CPU に実装することは前提で，もし，位置・速度・加速度目標値の軌道をソフトリアルタイム OS の別 CPU で生成するならば，タイムスタンプ付きの軌道データとしてハードリアルタイム OS の CPU にできるだけ高速に送信する．ハードリアルタイム OS 側はタイムスタンプを参照しながら，位置・速度制御ループを実行する，ということになる．時々刻々のタイムスタンプを満たす軌道データが途切れたら停止させるなどのエラー処理が必要になるだろう．さて，さらに力センサや視覚センサを用いたリアルタイムフィードバックをしたい場合，どの CPU にどのように実装するかについては，ロボットシステム設計上のアドバンスト，かつ重要な今後の課題である．

トライアル　8

8・1　ロボットアームの制御が複数の関節の動きを考慮することなく，各関節での制御で実現できる理由を考えてみよう．

8・2　式 (8・27) で，リンクの重心回りの慣性モーメント I_1, I_2 を含めた運動方程式を求めよう．ただし，関節に重心があるものとする．

8・3　図 8・12 のフィードフォワード τ_{FF} を与える式では，減速比については考慮されているが，モータ角での目標値 θ_{mr} が使われている．図 8・13 の垂直多関節ロボットアームでは，τ_{FF} にアーム角での目標値 θ_{ar} を用いないことによる短所があるので考えてみよう．

8・4　図 8・20 で，力制御についても同じ枠組みで構成できることを説明した．なぜ力制御が達成されるのか原理を考えてみよう．

8・5　力制御，インピーダンス制御，スティフネス制御の違いを説明してみよう．

8・6　力制御が必要となる仕事の例をあげて，位置制御との使い分けを説明してみよう．

8・7　センサレス力制御では，力センサでは計測できない，ロボットアームの手首部より上の部分の任意の場所にかかる外力も推定することができる．どのように応用できるか考えてみよう．

9章 ロボットの知能化
―自律制御と遠隔操作―

前章まででロボットアームの運動制御について説明した．すなわち，ある位置が与えられると，そこへロボットアームの先端を位置決めすることができる．しかし，ロボットの場合は作業に応じてどのように目標位置を生成するかが問題である．

一般に産業用ロボットは，ティーチング（教示）により逐一目標位置をセットし，一連の作業をプログラムしている場合が多い．そのプログラムを使うことによって同じ作業を繰り返し行っている．したがって，対象物の形や場所，作業手順が変わるとプログラムし直さなければならない．このようなことから，多少の位置誤差があっても力センサによる倣い動作やカメラ画像からの位置計測により，同じプログラムでも対応できる幅が広がってきている．すなわち，力センサにより位置誤差を修正するようにロボットアームが力制御されていたり，視覚センサにより距離を正確に計測して位置補正することが可能となっている．

このように，**センサフィードバック**によって知能化が少しずつ進んでいる．しかし，作業手順や状況判断ができるようになるにはまだまだ課題が多い．そこで，次のような自動的あるいは自律的に作業を行うロボットと遠隔操作形ロボットに分かれる．**知能化**とは，より上位のレベルでロボットに作業を行えるようにすることと考えられる．

- ●自律制御ロボット（判断の高度化）

  検出 → 認識 → 判断 → 計画 → 行動（運動 → 確認）

- ●遠隔操作ロボット（ローカルなセンサフィードバック）

  検出 →　　　→　　　→　　　→ 行動（反射行動）

  人間が認識，判断し，計画および行動基準を作成する．

9-1 自律制御ロボットとは何か

　自律制御ロボットは，人間がどのように行動しているか考えることによって理解できる．すなわち，何をするのか？（**仕事**），どこに何があるのか？（**計測と認識**），どのような手順でするのか？（**行動計画**），どのように手や体を動かすのか？（**軌道生成**），以上が考える上位レベルである．その後はあまり意識しないが，実際に思ったところへ手を動かす（**運動制御**）ことを行っているのである．**図9・1**に自律ロボットの構成を示す．計測した結果は上位系にフィードバックされ，運動制御や環境認識に反映される．また，上位ではデータベースを参照あるいは修正しながら作業のスキルなどの情報を得た後，アームを運動制御する．

　例えば，図1・6に示した人とビーチバレーボールを打ち合うロボットを考えてみよう．自律的にボールを検出して，ラケットの軌道を生成してラリーを続けるにはどのようなことが必要なのだろうか？　**表9・1**にビーチバレーロボットの作業アルゴリズムを，**図9・2**にはロボットシステムの構成を示す．このほかにも，音声指令により声で「赤いボールを取れ」と命令したり，画像処理により

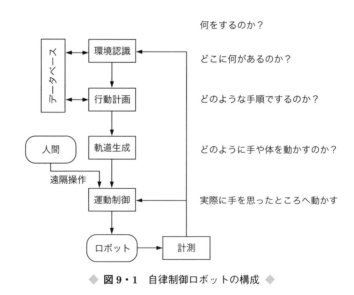

◆　**図9・1**　自律制御ロボットの構成　◆

◆ **表9・1 ビーチバレーロボットの作業アルゴリズム** ◆

	ロボットの動作	処理内容
1	ボールを見つける	CCD カメラを向ける（パン・チルト雲台）
		ボールの位置，速度を計測する
2	ボールの位置を予測する	現在の軌跡からボールの運動方程式を解く
		ボールの経路を算出する
3	インパクト位置にラケットを振り始める	アーム先端のラケットの位置と姿勢を決める
		ラケットが行くようにアーム関節角度・角速度・角加速度を計算する
		関節を駆動するモータに指令を与える
4	ボールを返す場所を考える	（CCD カメラで相手側をよく見る）
		戦略に応じて返す場所を変える
5	ラケットをコントロールする	ボールに当たるときの力のベクトルを計算する
		関節モータへの指令値を調整する

数人の中から特定の人の顔を認識したり，動きを検出して手を振っている人を探すこともできる．さらに人の力に合わせて握手することもでき，将来のヒューマンフレンドリーロボットや知能ロボットに必要な基礎技術が統合されている[1]．

> **リフレッシュ 29** | **ビジュアルフィードバックとビジュアルサーボイング**
>
> 例えば，ロボットアームで対象物を把持したいとする．カメラなどの視覚センサで得られる画像や奥行きから対象物の位置・姿勢を計測し，ロボットアームを対象物に対して位置決めすることをビジュアルフィードバックと呼ぶ（4-4 節参照）．ここで，対象物が動いている場合は，時々刻々と変化するセンサの画像や奥行きを元にロボットアームで対象物を追いかける**リアルタイムフィードバック制御**をする必要があり，これは，ビジュアルサーボと呼ばれてきた．しかし，英語では Visual servoing と進行形で言わないと，Visual servo では Visual feedback と同じような広い意味しか伝わらないようである．この**ビジュアルサーボイング**においても，カメラでとらえた画像の見え方の変化に対応する画像ヤコビ行列が特に重要なので調べてみてほしい．

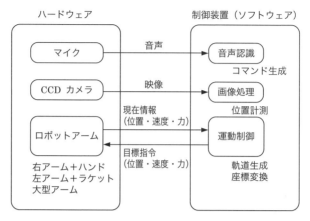

ハードウェア　　　　　　　　　　制御装置（ソフトウェア）

◆　**図9・2　ビーチバレーロボットの構成**　◆

9-2 ロボット言語で知能化を考えてみよう

　少し具体的に知能化ということを，ロボット言語を通して考えてみよう．ここでは作業として「AにあるコップをBに移す」ことを想定しよう．運動制御で述べてきたように，目標位置を次々と入力していくのではプログラムが大変である．そこで，以下のようなロボット用のプログラム言語を導入する．

ロボット言語によるプログラム例

タスク（コマンド）

　　place Cup from A to B

ロボット言語

　　① set A　　　　：データベース（DB）から座標A（位置・姿勢）を
　　　　　　　　　　　取り込む．
　　② set B　　　　：①と同様．
　　③ set Cup　　　：DBからコップの座標や大きさなどを取り込む．
　　④ move to A　　：A点へ手先を移動させる．現在位置からA点まで
　　　　　　　　　　　直線でつなぎ，速度パターンを生成する．各時刻で
　　　　　　　　　　　の先端位置を各関節角に変換し，関節を駆動する．

⑤ grasp Cup　：コップをつかむ．ハンドを閉じてモータ電流がある
　　　　　　　　値になるまで閉じる．

⑥ move to B　：④と同様．

⑦ release Cup：ハンドをつかむ前の位置まで開く．

⑧ home　　　：ホームポジションへ戻る．移動は④と同様．

ここで，さらに知能化を考えよう．

●上位コマンドからの自動プログラム生成

　　上位タスクのコマンド（place Cup from A to B）から自動的にロボット
言語を生成する．あるいは，ボイスコマンド（音声指令）を解釈する．

●データベース（DB）の自動更新

　　例では各位置がすでに DB に入力されているとしたが，カメラでコップな
どの位置を適時検出して環境 DB に取り込み，さらに修正する．

●経路生成

　　環境 DB に蓄積された地図情報に対して，障害物などがある場合に動作経
路を自動生成する．

●スキル生成

　　DB には環境 DB，知識 DB，スキル DB などがあり，いわゆる作業のコ
ツ，技術などのスキルや学習の結果がデータベース化される．

というように知能化を考えていくことができる．

9-3　遠隔操作形マニピュレータとは

　遠隔操作形のロボットは状況判断および目標値の生成を人間が行うものであ
り，代表的な**遠隔操作ロボット**として**図 9・3** に示すような**マスタスレーブマニ
ピュレータ**がある．通常，マスタアームを操作して作業する場所に置かれたスレ
ーブアームを自由に操縦するものである．操縦者は作業場所にあるカメラからの
映像をモニタで見ながらマスタアームを操作する．このとき，カメラを通して環
境を見ているので，細かいところは見づらいことになる．そのために，従来から

◆　**図9・3**　マスタスレーブマニピュレータの例[2)]　◆

作業時にスレーブアームに加わる反力をマスタアームに返すことによって繊細な作業ができる．このような制御を**バイラテラル制御**，すなわち**双方向制御**という．例えば，壁を押すとその反力がマスタアームに返るので，作業者は壁に当ったことがわかる．また，力を返さないものを**ユニラテラル**（**一方向**という意味）**制御**といい，目標値のみを与えている．ユニラテラル方式はマスタにアクチュエータを使わないので，ジョイスティックなどでも簡単に構成できる．さらに，スレーブアームを力制御すれば相手に過負荷を与える心配もない．

9-4　**マスタスレーブマニピュレータの制御とは**

　マスタスレーブマニピュレータのバイラテラル制御には，**図9・4**から**図9・6**に示すように対称形，力逆送形，力帰還形がある．さらに，これらに動的制御やインピーダンス制御を加えた方式などが研究されている[5)]．**対称形**はマスタ，スレーブともに位置サーボ系で構成され，位置の偏差に応じた駆動力をそれぞれマスタ，スレーブに発生させるものである．マスタとスレーブの位置がずれること

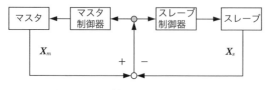

◆　**図9・4**　対称形バイラテラル　◆

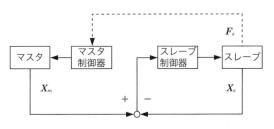

◆ **図 9・5** 力逆送形バイラテラル ◆

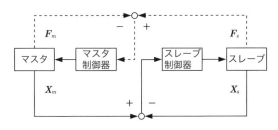

◆ **図 9・6** 力帰還形バイラテラル ◆

により偏差分の力がマスタで感じられる．簡単に構成できるというメリットがあるが，マスタの摩擦が小さくなければならない．

　力逆送形は，スレーブは位置制御，マスタにはスレーブでの反力に応じた駆動力を発生させるものである．力の応答は対称形よりも優れているが，これもマスタの摩擦が小さくなければ操作性が良くない．

　力帰還形は，スレーブは位置制御，マスタは力制御で構成されている．この場合，マスタ側にも力センサが必要となるが，マスタはパワーアシストされるの

リフレッシュ 30　マスタスレーブマニピュレータの研究動向

　図 9・3 は**異構造マスタスレーブマニピュレータ**と呼ばれている．操作側のマスタアームは人間が操作しやすい形とすることで，いろいろな形のスレーブアームをコントロールすることができる．その場合，構造が異なるので座標変換を行っている．最近では，マスタとスレーブの間に ISDN やインターネットなどのネットワークを介した研究も行われ[3]，ロボットを使って米国からフランスにいる患者の遠隔手術も実施された[4]．将来，どこからでもロボットの遠隔操作ができるようになるだろう．

で，マスタの操作性は最も良い．参考までにユニラテラルの場合のサーボ系を**図9・7**に示す．

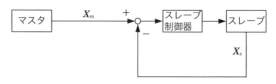

◆ **図9・7**　ユニラテラル（位置サーボ系）◆

リフレッシュ 31　ロボット鉗子

　図9・8は遠隔操作技術を応用した腹腔鏡下手術用ロボット鉗子である．従来の鉗子先端に手首関節を設け，把持した操作部の動きを電気的に先端に伝えるものである．これまでの鉗子ではできなかった方向からの縫合が可能であり，新しい手術の可能性がある．外径で3 mmのものまでが開発された[6]．

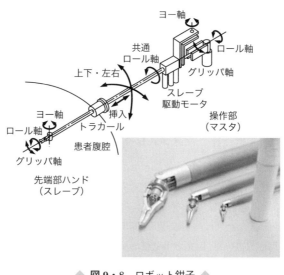

◆ **図9・8**　ロボット鉗子 ◆

9-5　バーチャルリアリティとテレロボティクスの共通性は

　バーチャルリアリティとテレロボティクスには共通技術が多い．**バーチャルリアリティ**は，**図9・9**に示すようにCGなどで作られた仮想空間の中にあたかも自分がいるかのように体感させる技術である．遠隔操作によりロボットを制御する**テレロボティクス**では，**図9・10**に示すようにその先に実際のロボットが存在していて，実世界と物理的な干渉を伴うことが大きな違いである．仮想環境の提示方法や仮想環境の中のロボットを動かす方法などは同じ技術である．特にCGによる仮想環境の表示は，ロボットではシミュレータとして利用価値が高い．実際のロボットと切り離してオフライン教示の確認やロボットを操作する訓練装置として用いるほか，実際のロボットと連動させて，すなわち実際のロボットの位置を仮想環境内で表示することにより，実時間での動作確認ができる（**リアルタイムシミュレータ**という）．宇宙ロボットの場合は通信に時間遅れがあるので，コンピュータグラフィックス（CG）により指令位置を時間遅れなく表示すれば予測ができる（**予測ディスプレイ**）．また，高放射線環境下ではCCDカメラが使えないので，仮想環境の中でロボットがどこにいるか監視できる．このほか，マスタアームの技術はバーチャルリアリティのフォースディスプレイ（力提示装置），ハプティックデバイス（触覚・力覚提示装置）にも応用できる．

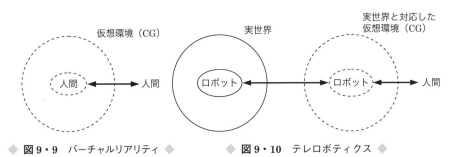

◆　**図9・9**　バーチャルリアリティ　◆　　　　◆　**図9・10**　テレロボティクス　◆

9-6　遠隔操作か自律制御か

　遠隔操作形ロボットにするか自律制御形ロボットにするかは，作業内容に依存する．自律にしたいが現状では遠隔にしているもの，例えばメンテナンスなどが一例である．また，自分で操作したいものや擬似体験したいものは遠隔である．医療応用も完全な自律は想像しがたい．もちろん，遠隔と自律の融合もあり，部分的に自律制御を用いても効果的である．本当に人間しかできないものは遠隔がよい．これにより人間の操作する負担も軽減される．液体の入ったコップを運ぶのに，こぼれないように水平を自律的に保ってくれれば，人間は操作が楽になる．現状，**図 9・11** に示すように，それぞれの技術的進歩に合わせて遠隔技術，自律技術ともにレベルアップしていくのが，全体としてよいと考えている．

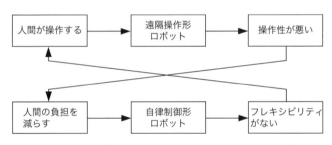

◆　**図 9・11**　遠隔操作形ロボットと自律制御形ロボットの関係　◆

リフレッシュ 32　宇宙ロボットの遠隔操作実験

　筆者は実際に宇宙ロボットの遠隔操作を行う機会を得た．チャンスは一度しかなかったが，地上の訓練装置で訓練を積んだおかげで，スムーズに実験ができた．本当に軌道上 500 km にあるロボットを動かしているのか，実感がなく終わってしまった．成功して肩の荷が下りたことはいうまでもない．当日は NASA と回線がつながらなかったが，補助回線で実験が行われた[7]．本当に大勢の人の協力のもとに成り立っていることを強く感じた．なお，この実験は順番が繰り上がったため，無人宇宙機ロボットを地上から遠隔操作した世界で初めての作業実験となった．

トライアル 9

9・1 仮想環境を使ってロボットで作業を実施するときは，どんなことに注意すれば よいか考えよう．

9・2 地上から宇宙のロボットアームを遠隔操作するときを考えてみよう．このと き，通信時間遅れが往復6秒あるとすれば，指令した結果を見るまでに6秒か かることになる．このことは遠隔操作にどのような影響があるだろうか．また， どのように CG シミュレータを利用すれば安全な操作ができるだろうか．

9・3 ロボットは今後どのような分野に使われるか考えてみよう．

9・4 手術を支援するようなロボットアームの研究が行われている．ロボットで手術 を支援することの長所と短所を考えてみよう．

10章 ロボットの課題と将来

　現状のロボットは，限られた環境下で限られた作業を行うレベルである．環境条件が異なると対象物が検出できない，認識できない．また，センサフィードバックは行っているものの，位置誤差もある程度以内でないと作業できない．もちろん作業内容が変わると，一生懸命に作業者がプログラムし直さなければならない．当面はいかにこれら「限られた…」を広げていくかを研究する必要があるだろう．前者はセンシングの問題が大きい．後者に対しては作業内容がロボットの動作に置き換えられていない．つまり，作業をどのようにプログラムすればよいのか，作業自体の力学が解明されていない．これは非常に現場的な研究であるが，これをやらないとロボットは単なるティーチングプレイバックの領域を脱しないだろう．

　ロボットの応用分野は大変広く，夢も大きな分野である．人間と共存するロボットを実現するためには，1つひとつ課題を克服していかなければならない．産業用ロボットでは市場がロボットを育てたように，新しい市場や用途からロボットの性能が向上するものと期待する．ロボコン（ロボットコンテスト）で育った若い世代がこれらに対してきっと貢献していくだろう．次節にはこのような期待として今後重要となる技術や市場性について述べることにする．

リフレッシュ 33　ロボコン

　最近，ロボコンが大流行りしているようだ．リモコン操縦形から自律制御ロボットまで千差万別である．学校側もこのような教育は学生の人気があるという．ものを思ったように動かすというのは，直接的で，参加する方，評価する方ともに楽しいと思う．メカトロニクス教育として応用性の高い技術が獲得できる．また，個々のメカトロ機器がインテリジェント化されていけば，システムとしてのロボットが実現されるだろう．ロボットに限らず，是非ともインテリジェントな機械を開発してほしいものである．

10-1　ますます重要になるシステムインテグレーション

図 10・1 は，ロボットに関するシステム構成を示した一例である．これは ApriAlpha というロボット情報家電とそのコントローラシステム構成[1] であるが，この図からわかるように，ロボットはこれまで述べてきた運動制御に限らず，多くの要素技術が必要になる．モジュールとして表現したが，画像処理，音声処理，知識処理，通信，移動制御，さらにロボットアームやハンドの制御も加わることになる．こういった要素技術は，それ単独では機能しても，全部をつないでシステムとして機能させることは簡単ではない．しかし，複数の要素が連携することでより作業の確実性が増す．例えば，顔認識と音声認識を合わせることで，より人物認識の信頼性は増す．また，図 10・1 のようにインタフェースを定義することでモジュール化して，構成要素を入れ替えやすくすることで，簡単にシステム化ができる．そのために CORBA など**分散オブジェクト技術**などが利用されている．このように目的に合わせてシステム統合するための方法論や技術をシステムインテグレーションと呼び，これから体系化されていくと考えている．

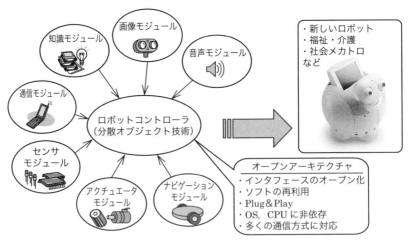

◆　**図 10・1**　ロボットのシステム構成とロボット情報家電 ApriAlpha　◆

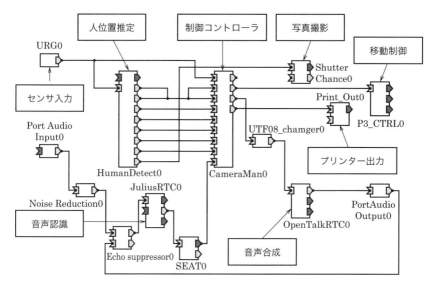

◈ **図 10・2**　RTM を利用した写真撮影ロボットシステムの例[2) ◈

　図 10・1 に示したシステム化は，ロボット用の OS ともいえる RT ミドルウエア（RTM）や ROS で容易に構成することが可能となった．**図 10・2** は RTM を利用して自動的に写真撮影をするロボットのシステム構成例である．1 つ 1 つのコンポーネント（RTC）は入出力が定義されている．また，**図 10・3** には ROS を利用して構成した遠隔操作ロボットシステムの構成例である．ROS ではコンポーネントは node という概念で構成されている．ROS は世界中の研究開発者が利用している．

　このようなシステムにおいて，プログラムのライブラリが充実してくると，ロボット開発が容易となってくる．

10-2　次世代ロボットとは

　これからのロボットは**次世代ロボット**と言われている．経済産業省では，人との共同作業まで含めた「次世代産業用ロボット」，人と共存しつつサービスを提供する「サービスロボット」の 2 つを定義している．生活支援ロボットなども

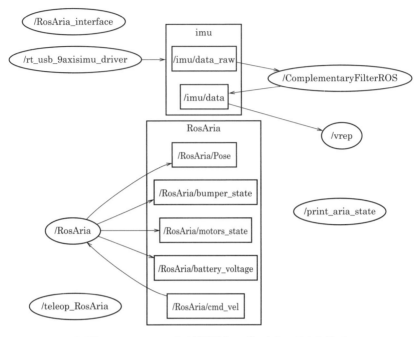

◆　**図10・3**　ROSによる遠隔操作ロボットシステムの例　◆

リフレッシュ 34　　**ROS や AI の普及**

　ROS（Robot Operating System）は世界中のロボット研究者が使い出し，優れたソフトウェアも開発され，公開されている．地図生成やビジュアル化などのライブラリはロボット開発の方法を変える勢いである．ROS のライブラリを活用すると，環境地図の生成や，目的位置・姿勢への移動，障害物回避などが簡単に実施できる．ただ，中身を勉強しないで使うと，意味のわからないブラックボックスになってしまうので，注意が必要である．どのロボットでも同じ性能になってしまうが，機構技術や制御系といった「もの作り」の観点の違いは評価の対象となるかも知れない．AI も同様である．いくら良い解決策を AI が出したとしても，機械システムがそれを実現できないと意味がない．逆に，AI が機械システムの特性を把握できるとなると，大変な進歩とも考えられる．

含まれている．ロボットが工場の外へ出て行くと，公道利用や無線通信など，いろいろな問題が出てくる．その都度許可が必要となるので，このような問題から，ロボット特区といわれる，種々の実証実験を行いやすくする仕組みなどができた．また，エレベータにロボットが搭乗する際の問題なども議論されている．このように技術が進んでくると，これまでは考える必要がなかった制度や規制などの問題も合わせて考えなければならない．

10-3 次世代ロボットの市場創出

　ここでは，1999 年から 2009 年の展開を振り返ってみたい[3]．最初に開発されたエンターテインメントロボットは実用化されたが，後に，事業撤退となった．2005 年の愛・地球博では，サービスロボットが数多く登場し，サービスロボット元年とも呼ばれている．これを契機に工場以外の場所へのロボットの適用が進んだことは間違いない．未だ新市場といえるまでにはなっていないが，市場化されるには時間がかかるものである．また，低価格の家庭用クリーナロボットは現在でも，規模は小さいものの販売されている．癒し系のロボットも着実に広がりつつある．そのほか，ビル清掃ロボット，食事支援ロボットなども確実に広がっている．外科手術支援ロボットも全世界では 1 000 台程度であった．介護用のアシストスーツは実用化が始まった．次第にロボット，あるいは，ロボット技術（RT）を導入したメカトロ機器が増えていくものと考えている．

　さらに，2019 年までには，家庭用クリーナロボットは各社から複数種類のものが製品化され，店頭を賑わせており，クリーナロボット市場は確立されたと言える．Intuitive Surgical 社の手術支援ロボットは世界で 4 500 台を超えるまでに普及しており，国内では保険適用も始まった．このほかに，自動運転自動車とドローンも市場化が進んでいる．

10-4 要素技術の進歩

　技術的な進歩はどうであろうか？　大きな進歩としては CPU の高性能化によ

る認識，制御技術の高度化とセンサの開発による性能向上がめざましい．ヒューマノイドロボットのメカニズムと制御も確立しつつある．脳波を利用したブレインマシンインタフェース（BMI）によるロボット操作の研究も行われている．

レーザレンジファインダ（LRF）は，安価で小形のものが開発され，ほとんどの移動ロボットに搭載されるようになった．CPU の演算能力は高速化，さらにマルチコア化などアーキテクチャも進歩している．これにより，SIFT などロバストな画像処理や，移動ロボットにおける地図と自己位置推定を同時に行う SLAM，ヒューマノイドロボットなどの超多関節機構の運動制御など，高度なアルゴリズムの実装が可能となり実時間でできるようになった．小型ロボットでの音源定位と認識も実現されるようになった．

さらに，2019 年までには ROS の普及とともに移動ロボットでは測域センサと SLAM の実装から実用レベルが高まったと言える．3D-LiDAR，ディープラーニング，高出力アクチュエータ，大量なデータを高速に処理できる GPU は実装可能となり，Boston Dynamics 社の脚ロボットは著しく性能を向上した．とくに，画像認識の分野では AI（おもにディープラーニング）の活用が始まり，格段と性能向上された．また，日本でも 2020 年 4 月より運用が始まる第 5 世代移動通信（5G）では，4G の 100 倍の速さで，かつ低遅延が可能であり，エンターテインメントや遠隔手術にとっては期待が大きい．

このように個々の技術の発展がシステムの性能を大きく変えることになる．とくに一度作られたシステムを新しい要素技術で再構築すると予想以上の性能が実現すると考えられる．また，ソフトロボティクスも期待が大きい技術である．現在はまだアクチュエータとしての出力が小さいが，今後，出力も大きくなり，制御性も向上するとロボット自身の設計論が変わる可能性も秘めている．

10-5 ネットワーク技術との融合は欠かせない

インターネットの普及によりネットワーク技術は進んだ．ロボットも情報ネットワークを利用することで，他のロボットとの協調，家電などの操作，ロボットの外部にあるセンサや DB の利用により，機能拡張が実現できる．RFID タグも

普及したことから，カメラや距離センサといった計測だけでなく，対象物に関する属性を書き込むことで情報をネットワーク環境から取得できるようになった．このように，環境に配置したセンサなどの情報を構造化したり（**環境情報構造化**）[4]，空間を知能化する（空間知，インテリジェントスペース）ことでロボットの作業性を向上させるような研究開発も進んでいる．特に，ネットワーク技術とロボット技術との融合はネットワークロボットと呼ばれている[5]．ロボットはネットワークのアクティブなデバイスとなっていくだろう．

　また，ネットワークロボット，ユビキタスロボット，クラウドロボティクスなどと範囲が広がって行くとともに，単にロボットだけではなく他の IT 機器をも含めたシステムになって行くと考えられている．現在，IoT 化が進み，Industry 4.0, Society 5.0 など革新的な生産管理や物流管理が提案されている．単にネットワーク化するだけでなく，効果的に連携した**エコシステム**として捉えるようになった．

10-6　サービスロボットの標準化

　一方で，共通化や基盤技術の開発として，ロボット用ミドルウェアは研究開発に利用が増えている．省庁内の連携による**共通プラットフォーム技術**などにより[4]，ロボット開発のインフラの整備がされつつある．これにより，ビジネスモデルなどに応じてロボットが取り込まれやすくなると考えられる．産業用ロボットに関しては国際標準化機構（ISO）で標準化がなされているが，サービスロボットに関しても新たに国際標準を目指す活動も活発になっている．国際標準化団

リフレッシュ 35　　一人で産官学？

　筆者は，産官学の仕事を同時期に経験した．国でプロジェクト施策を推進する立場，大学で博士課程の学生にプロジェクト研究を指導する立場，もちろん企業でのロボット研究開発と一人 3 役である．財務省まで予算の説明に行ったこともある．どのように施策がはじまり，どのように学内で教育があり，そしてそれらがどのように企業でつながるのか．それぞれの立場での仕組みがあることがわかった．それぞれを身近に考えながら，今後に反映していきたい．

体 OMG ではミドルウェア，ロボットの位置管理の標準化が進んでいる．特に，人の近くで動く可能性の高いサービスロボットは安全性が重要であり，ISO による議論も始まっている．生活支援用ロボットの安全性に関する規格として ISO13482 があり，アシストロボットではすでに取得済のものもある．このように，普及していくためには国際的に認められていく必要もある．

トライアル　10

10·1　これまで，ペットロボット（エンターテインメントロボット）がいろいろと発表されている．犬形，猫形，言葉を覚えていくペット人形など，コミュニケーションを楽しむようなロボットである．このようなロボットに必要な技術をあげてみよう．**図 10·4** にこのようなロボットの例を示す．

◆ **図 10·4**　エンターテインメントロボット AIBO ◆
（写真提供：ソニー（株））

10·2　2001 年に報告されたロボットの市場予測では，2010 年で 3 兆円，2025 年で 8 兆円と予測していた[6]．実際には，ロボットの市場はそれ程大きくなっていない．この原因について考えてみよう．

10·3　日本のロボット開発はどのように進んできただろうか？また，どのように進んでいくだろうか？

10·4　国際標準化はなぜ重要なのか考えてみよう．

トライアルの解答

本書での「トライアル」は必ずしも理解度確認のためだけではなく，本文中に載せるべきことがかなり含まれている．本文は最初に述べたようにロボットのシナリオを理解してもらうことに主眼をおいているので，本文での解説は最小にして，その他を課題としてまとめた．是非，「トライアル」にも目を通して，より深くロボティクスを考えてほしい．

トライアル　1

1・1　メカトロニクス製品は身の回りに大変多い．例えば，カメラの自動焦点機構，自動ドア，自動改札機などがある．どのようにセンシングしてメカニズムを駆動しているのか調べてみよう．

1・2　産業用ロボットでは，組立用ロボット，溶接用ロボット，塗装用ロボットが工場で稼働している．特殊環境では，宇宙ステーション用のロボットアームのほかに，潜水調査船しんかい 6500 などのマジックハンドがサンプリング用に使われている．また，社会用では，ビルや空港などでフロア清掃ロボットが自動運転されている．

1・3　例えば，人間（生物）の部分に似た形で，似たような動作をする機械．

1・4　モータ，歯車，減速機，ブレーキ，位置検出器，速度検出器，軸受などからなる．詳しくは 3 章参照．

1・5　ロボットアームとボールを検出するためのカメラが必要である．カメラ画像から画像処理してボールを見つけ，ボールの運動を予測し，その位置へロボットアームを動かす．この一連の動作を実時間で行わなければならない．詳細は 9 章参照のこと．

1・6　図 1・7（a）は 2007 年における世界の産業用ロボット稼働台数である．日本はシェアでトップであるが，ドイツや韓国などがシェアを伸ばしてきている．特にドイツでは食品への応用では日本以上であり，韓国も国家プロジェクトで多額の予算をかけて，新しいロボットの研究開発を支援している．欧州では認知（Cognition），米国では軍事など，国によって研究の方向性に特徴がある[1]．

図1・7（b）は2017年の稼働台数である．この約10年でアジアでのロボット導入が増えた．とくに中国，韓国が伸び，日本はかろうじて2位にとどまっている．新しい応用分野の期待も高い．

トライアル 2

2・1 ロボット関節の表し方はいくつかあるが，**図解-1**に位置決めの3自由度機構の参考例を示す．

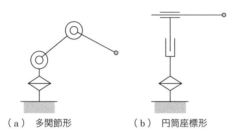

（a） 多関節形 　　　（b） 円筒座標形

◆ **図 解-1** ◆

2・2 人間形ロボットは，大きさもほぼ人間同様であれば，人間が行ってきた環境や道具をそのまま使うことができる．ロボットのために特別な環境や道具をそろえる必要がない．また，親近感も増すだろう．反面，人間の大きさ，重量にするのは技術的には大変困難であり，モータなどが大きくなる，バッテリーが重くなる，さらに全身運動のバランスを制御することが難しいなど，課題が多い．

2・3 生物は大変優れた機能を持っている．例えば，脚で歩行するロボットを作った場合，どのように脚を動かせばよいのか，生物から学ぶ点が多い．もともとロボットは人間を目指した科学としての研究方向もあるので，生物を手本としている．

2・4 車輪形は平坦地であれば移動速度が大きいが，凹凸地などでは移動困難となる．一方，歩行形は，移動速度は車輪形に比べて遅いが，足場の悪いところでも移動できる．それぞれの長所を組み合わせたハイブリッド形も研究されている[2]．

2・5 n関節からなるロボットアームにおいて，各関節の質量をm，エンドエフェクタの質量をm_eとし，リンク長がdで各関節共通とする．**図解-2**のような姿勢のときに関節J_1には最大静止トルクがかかる．このとき，第1関節のトルクは次式となる．

$$\tau_1 = mgd + 2mgd + \cdots + (n-1)mgd + nm_e gd_e = \sum_{k=2}^{n}(k-1)mgd + nm_e gd_e$$

これより，先の関節の重量が根元側の負荷となり，関節数が増えるほど根元側

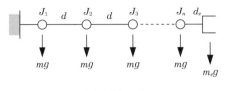

では大きなトルクがかかることがわかる．したがって，ロボットアームは必要な
自由度にしたほうが全体として効率が良い．

2·6 尺取虫の移動方法を**図解-3**(a)に示す．後足Aを持ち上げ，前足Bに近づけ
て足を接地した後，前足Bを持ち上げて前に振り出す．これを繰り返し行うこ
とで前進することができる．同様に，この方式を配管内移動ロボットに応用した
のが図解-3(b)である．まずAを径方向に縮め，Cを縮めてAを引き寄せる．
その後，Aを突っ張り，Bを縮めてCを伸ばす．そしてBを突っ張ることで1
サイクルの移動が行われる．車輪移動に比べて移動速度は遅いが牽引力は強い．

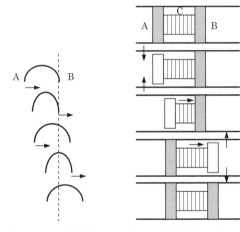

（a） 尺取虫の移動方法　　（b）　配管内移動ロボットへの応用

◈ 図 解-3 ◈

トライアル 3

3·1 まず，図 3·7 の関節では，歯車での回転方向に注意すると，モータの回転角
θ_{m1}，θ_{m2} と回転および曲げの関節角 θ_1，θ_2 には，次式のような関係式がある．

モータ1をプラス方向に回転すると，曲げ関節は動かず回転関節がマイナス方向に回転する．モータ2をプラス方向に回転すると曲げ関節はマイナス方向に曲がり，関節内の歯車のかみ合いにより回転関節もマイナス方向に回転する．これにより，この機構では関節を回転させるのにモータ1，2の2つを協調させなければならない．これは機構的に決まるので**機構干渉**という．

$$\begin{bmatrix} \theta_1 \\ \theta_2 \end{bmatrix} = \begin{bmatrix} -1 & -1 \\ 0 & -1 \end{bmatrix} \begin{bmatrix} \theta_{m1} \\ \theta_{m2} \end{bmatrix} \qquad (3 \cdot 1\,\mathrm{a})$$

同様に，図 3・8 の関節機構では次式となる．

$$\begin{bmatrix} \theta_1 \\ \theta_2 \end{bmatrix} = \begin{bmatrix} 1/2 & -1/2 \\ 1/2 & 1/2 \end{bmatrix} \begin{bmatrix} \theta_{m1} \\ \theta_{m2} \end{bmatrix} \qquad (3 \cdot 1\,\mathrm{b})$$

3・2 いろいろ検討してみてほしい．**図解-4** は解答例である．3 段構成とし，減速比は入力側から 5，4，5 で合計 100（＝5×4×5）である．2 段目を 5 とすると外径が大きくなる．実際には減速比だけで大きさが決まるのではなく，伝達トルクにより歯車の大きさが決まってくる．

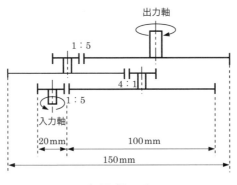

◆ **図 解**-4 ◆

3・3 減速機を用いる長所は，トルクを増大させるのでモータが小さくて済む，歯車列などを複雑に組み合わせなくてよいので減速機構が小さくなる，それらの効果で全体的にロボットが小形軽量になる．また，モータ軸のエンコーダ分解能，ブレーキがそれほど高精度，高トルクでなくても済む．反面，短所としては減速機構の効率が悪いとモータトルクが有効に伝達されない，減速機の機械的性能（バックラッシ，剛性など）がロボットの性能に大きく影響する．さらに，ロボットの姿勢が変わってもモータ軸換算の慣性モーメントとしては減速比の2乗分の1となるので，モータには外乱の影響が小さくて済む（6-1 節参照）．

3·4 太陽歯車の回転速度 ω_1，半径 r_1，遊星歯車の回転速度 ω_2，半径 r_2，キャリアの回転速度 ω_c とすると，回転速度 ω と接線方向の速度 v には次式の関係がある．**図解**-5 参照．

$$v_1 = r_1\omega_1, \quad v_c = v_1/2$$

$$\omega_2 = \frac{v_1 - v_c}{r_2} = \frac{r_1\omega_1 - r_1\omega_1/2}{r_2} = \frac{Z_1}{2Z_2}\omega_1 \tag{3·4 a}$$

$$\omega_c = \frac{v_c}{r_1 + r_2} = \frac{r_1}{2(r_1 + r_2)}\omega_1 \tag{3·4 b}$$

減速比は ω_1 と ω_c との比であり，また，$r_3 = r_1 + 2r_2$ より，

$$n = \frac{\omega_1}{\omega_c} = \frac{2(r_1 + r_2)}{r_1} = \frac{2(Z_1 + Z_2)}{Z_1} = \frac{Z_1 + Z_3}{Z_1} \tag{3·4 c}$$

と求まる．

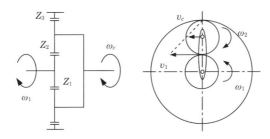

◆ **図 解**-5 ◆

3·5 サイクルタイムといっても，スカラロボットの定格荷重やアームの長さでも異なる．同じような仕様で比較する必要がある．また，高速化には徹底した軽量設計，モータや減速機，モータドライバの高性能化，制御手法の工夫などで総合的に設計することで性能は上がっていく．さらに，市場によっても競争が激しいものは，それだけ性能向上も速い．スカラロボットなど，2000 年と比べて大幅に価格が下がっている．一方，DD モータは価格のほかに，重量が大きいためにイナーシャが大きいというデメリットもあるので，設計によっては減速機使用と競うこともあり得る．

3·6 この場合は，高精度な回転が目的ではなく，ギアなど伝達機構をなくすことによる静音化，低振動化が目的である[3]．

トライアル 4

4·1 ひずみゲージ A 側を流れる電流を I_A，B 側を流れる電流を I_B とする．ブリッ

ジのバランスがとれていれば，抵抗の変化分（ΔR）のみ V_{CD} で検出されるので，V_{CD} を求めると次式となる．

$$
\left.\begin{aligned}
&E = (R_A + \Delta R_A) I_A + R_C I_A = (R_B - \Delta R_B) I_B + R_D I_B \\
&R_A = R_B = R_C = R_D = R \ \text{とすれば,} \\
&I_A = \frac{E}{2R + \Delta R} \\
&I_B = \frac{E}{2R - \Delta R} \\
&V_{CD} = (R + \Delta R) I_A - (R - \Delta R) I_B \\
&\quad\ = \frac{R + \Delta R}{2R + \Delta R} E - \frac{R - \Delta R}{2R - \Delta R} E \\
&\quad\ = \frac{2R\Delta R}{4R^2 - \Delta R^2} E \fallingdotseq \frac{2R\Delta R}{4R^2} E = \frac{\Delta R}{2R} E \quad (R \gg \Delta R)
\end{aligned}\right\} \quad (4 \cdot 1\,\mathrm{a})
$$

ここで，ひずみゲージ 1 つだけの場合（$R_B = 0$）と比べてみよう．

$$
V_{CD} = \frac{R + \Delta R}{2R + \Delta R} E - \frac{R}{2R} E = \frac{\Delta R}{2(2R + \Delta R)} E \fallingdotseq \frac{\Delta R}{4R} E \qquad (4 \cdot 1\,\mathrm{b})
$$

したがって，R_A と R_B はひずみの方向が逆になるため出力が 2 倍になる．さらに，$R_A(+方向)$，$R_B(-方向)$，$R_C(-方向)$，$R_D(+方向)$ となるように配置すれば，出力は 4 倍になる．

また，温度変化による影響は R_A，R_B ともに同じであるため，$V_{AC} = V_{AD}$，$V_{CD} = 0$ となることがわかる．ブリッジ回路はひずみゲージだけでなく，うず電流式距離センサにも使われている．

4・2 まず，CCD カメラなどでコップがどこにあるか，広い視野の中から探す．次に場所がわかればロボットからの距離（位置）をレーザ距離計などで計測する．ロボットのハンドの中心にコップがくるようにロボットアームを動かす．そして，ハンドの中にコップがあるかどうか近接センサで検出し確認する．その後，ハンドを閉じていき，コップをつかんでからある程度の握力で保持する．その間，タッチセンサで触ったことを確認し，力センサやモータ電流で握力を制御する．このように，一連の動作を考えることは大変重要である．このセンシングシナリオができた後，具体的にどんな種類のどんな仕様のセンサをどこに付けるか，設計を進めていくのである．

4・3 自動ドアの例で考えてみよう．通常は赤外線センサで人間を検出することが多いが，誤動作もあるので，マット式のセンサで体重がかかったことを検出してドア開閉を行うものもある．このような考え方はロボットにも応用できる．

4・4 産業用ロボットでは回りに柵を設け，機械的に入れないようにしているが，さらに光電式センサで光路が遮断されるとロボットが停止するなどの処置が取られている．光電式センサの代わりにマット式のセンサ，ドアの開閉時の検出などがある．このような安全対策を**インタロックシステム**という．このほか，注意を促すためにパイロットランプを点滅させたり，搬送ロボットではチャイムなどを使っているものもある．

4・5 人間がロボットのそばにいることを検出できることが望ましい．まず，非接触式のセンサで接触前に検出し速度を下げ，さらにロボット本体のタッチセンサなどで接触時に止める，あるいはモータをサーボフリーにして当たっても逃げるなどの工夫が必要である．そのため，移動ロボットでは赤外線センサ，超音波センサ，バンパセンサなど，いろいろ取り付けられているものもある．また，材質や機構も工夫する必要があるだろう．

トライアル **4・3** 〜 **4・5** はこれからのロボットであり，解答は一例にすぎない．

トライアル 5

5・1 多関節マニピュレータの指から成るハンドだと，関節角度をしっかり決め，また各指の位置関係，先端での各指が発生する力などを計算により決めなければならない．一方，FMA を利用したハンドだと，空気圧のオンオフ制御により大体，各指が閉じればよく，正確な位置決めや演算は不要である．ゴムの摩擦と弾性変形により対象物をつかむことができるので，機構，制御ともに簡単となる．ただし，精密な把持はできず可搬重量も小さい．

5・2 式（5・6）の一般解は $i = C_1 e^{-\lambda t} + C_2$ で与えられる．初期条件 $t = 0$ のとき $i = 0$，$t \to \infty$ のとき $i = I_a = \dfrac{E_b}{R_a}$ であり，$C_2 = -C_1$ であるから，

$$i = C_2(1 - e^{-\lambda t}) = I_a(1 - e^{-\lambda t}) \tag{5・2 a}$$

これを式（5・6）に代入して，

$$\left.\begin{aligned}
E_b &= E_b(1 - e^{-\lambda t}) + \frac{L_a E_b}{R_a}\lambda e^{-\lambda t} \\
R_a &= R_a(1 - e^{-\lambda t}) + L_a \lambda e^{-\lambda t} \\
(R_a &- L_a\lambda)e^{-\lambda t} = 0 \\
\lambda &= \frac{R_a}{L_a}
\end{aligned}\right\} \tag{5・2 b}$$

これより，時定数は $\tau_e = \dfrac{L_a}{R_a}$ と求まる．

式 (5・7) で $t = \tau_e$ とすると,

$$i_a = I_a(1 - e^{-1}) = I_a\left(1 - \frac{1}{2.72}\right) \fallingdotseq 0.63 I_a \tag{5・2 c}$$

したがって, 時定数は定常値の約 63％ に到達するまでの時間であることがわかる.

5・3 直動運動のエネルギーが回転運動のエネルギーに変換されるとして,

$$\frac{1}{2} J \dot{\theta}^2 = \frac{1}{2} M \dot{x}^2 \tag{5・3 a}$$

$$J = M\left(\frac{\dot{x}}{\dot{\theta}}\right)^2 \tag{5・3 b}$$

ここで, ボールねじ 1 回転でナットは P〔mm〕変位することから, 回転角 θ と並進変位とは次のような関係にある.

$$\theta = \frac{2\pi}{P} x \tag{5・3 c}$$

式 (5・3 c) を微分し, 式 (5・3 b) に代入して次式を得る.

$$J = M\left(\frac{P}{2\pi}\right)^2 \tag{5・3 d}$$

5・4 抵抗は $F_a = \mu W = 0.02 \times 15 = 3.0$〔N〕となるので, 負荷荷重による摩擦トルクは以下のようになる. また, この式はボールねじの入力トルクと出力並進力の関係式と同じである.

$$T = \frac{F_a \cdot P}{2\pi \cdot \eta} \times 10^{-3} \times n = \frac{3 \times 5}{2\pi \times 0.9} \times 10^{-1} \times 10 = 2.7 \text{〔N·cm〕}$$

このほかに, ボールねじの予圧による摩擦トルクなどがある.

5・5 理由は 2 つある. 精度の良い加速度検出が難しいということが 1 つ. もう 1 つは, 電流制御の代わりに加速度制御にすると, 電力増幅部にどんな電流が流れるか管理できず, 過渡的に大きな電流が流れてパワー素子やモータを破壊する恐れがあるということ. 加速度を制御したい場合は, 電流制御と速度制御の間に加速度制御を入れる. 外乱オブザーバと呼ばれている制御系は, 加速度制御の考え方を利用した PID 制御の延長線上にある制御系である[4]. 6-6 節を参照のこと.

5・6 電圧に関する方程式は次式である.

$$E_b = R_a \cdot i_a + K_e \cdot \omega \tag{5・6 a}$$

モータトルクは運動方程式およびトルク定数から次式で表せる. 6 章参照のこと. ここで, ω は回転数である.

$$T_m = J_m \cdot \frac{d\omega}{dt} = K_T \cdot i_a \tag{5・6 b}$$

上記，2式より i_a を消去すると次式となる．

$$E_b = K_e \cdot \omega + \left(J_m \cdot \frac{R_a}{K_T} \right) \cdot \frac{d\omega}{dt} \tag{5・6 c}$$

これは，式（5・6）と同様の形であることから，係数を次のように比較して，式（5・9）に代入すればよい．

$$R_a \to K_{e,} \qquad L_a \to J_m \cdot \frac{R_a}{K_T} \tag{5・6 d}$$

$$\tau_m = J_m \cdot \frac{R_a}{K_e \cdot K_T} \tag{5・6 e}$$

トライアル　6

6・1　式（6・7）より，最小慣性，最大慣性は次式のようになる．

$$J_{\min} + n^2 J_1 = 2.0 + 100^2 \times 0.01 = 102 \, [\text{kg·m}^2]$$
$$J_{\max} + n^2 J_1 = 6.0 + 100^2 \times 0.01 = 106 \, [\text{kg·m}^2]$$

したがって，出力軸から見た場合には，減速比が大きいことにより，慣性は出力軸の慣性よりも入力軸の慣性が支配的であることがわかる．

6・2　図6・7を式で表すと次のようになる．

$$u_m = \frac{K_{IV}}{s}(\dot\theta_{mr} - \dot\theta_m) - K_{PV}\dot\theta_m \tag{6・2 a}$$

$$\dot\theta_m = \frac{1}{Js+D} u_m \tag{6・2 b}$$

式（6・2 a）を式（6・2 b）に代入すると，

$$\dot\theta_m = \frac{1}{Js+D} u_m = \frac{K_{IV}}{(Js+D)s}(\dot\theta_{mr} - \dot\theta_m) - \frac{K_{PV}}{Js+D}\dot\theta_m \tag{6・2 c}$$

$$(Js^2 + Ds + K_{PV}s + K_{IV})\dot\theta_m = K_{IV}\dot\theta_{mr} \tag{6・2 d}$$

したがって，伝達関数は次式となる．

$$\frac{\dot\theta_m}{\dot\theta_{mr}} = \frac{K_{IV}}{Js^2 + Ds + K_{PV}s + K_{IV}} \tag{6・2 e}$$

このように，式とブロック図（**図解**-6）には密接な関係がある．

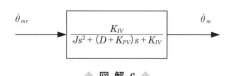

◆ **図 解**-6 ◆

6·3 ばね-質量-ダンパ機械モデルの運動方程式を求めると次式となる.

$$M\ddot{x}_2(t) + D\dot{x}_2(t) + Kx_2(t) = Kx_1(t) \tag{6·3 a}$$

$$(Ms^2 + Ds + K)x_2 = Kx_1 \tag{6·3 b}$$

このモデルも2次遅れ系であることがわかる.x_1 と x_2 の伝達関数,固有振動数および減衰係数は,次式のようになる.

$$\frac{x_2}{x_1} = \frac{K/M}{s^2 + (D/M)s + K/M} \tag{6·3 c}$$

$$\omega_n = \sqrt{\frac{K}{M}} \tag{6·3 d}$$

$$\zeta = \frac{D}{2\sqrt{KM}} \tag{6·3 e}$$

したがって,この特性も図6·8と同様であり,応答が振動的であれば,粘性摩擦係数 D を大きくすれば ζ が大きくなり振動が抑制される.運動が終了するまでの時間を短くするためには,ばね定数 K を大きく(あるいは質量 M を小さく)すればよい.

これより,フィードバック制御において振動的な場合に速度ゲインを大きくすることは,減衰係数 ζ を大きくすることと等価である.同様に,目標値への収束性を速める場合に位置ゲインを大きくすることは,固有振動数 ω_n を,すなわちばね定数を大きくすることと等価であることがわかる.

6·4 **1. J, D を同定する他の方法**

① 本文中では速度のステップ応答データの時定数から J を求めたが,$t=0$ での接線の傾きからも J は求められる.確認してみてほしい.

② 式(6·14)～(6·16)から,

$$\frac{\dot{\theta}_m}{V} - 1 = e^{-\frac{1}{\tau_V}t} \tag{6·4 a}$$

とし,両辺の自然対数をとると,

$$\ln\left(\frac{\dot{\theta}_m}{V} - 1\right) = -\frac{1}{\tau_V}t \tag{6·4 b}$$

が導ける.すなわち,ステップ応答データからの $\ln(\dot{\theta}_m/V-1)$ をプロットすれば,t との関係が原点を通る直線状になる.そこで最小2乗法を用いて傾きを求めれば τ_V が得られる.全データを用いた統計的手法なので精度に優れている.

③ サーボアナライザがあれば,駆動トルク入力から速度までの周波数応答を取得する実験を行い,得られたゲイン曲線を1次遅れ伝達関数モデルにフィッティングして J, D を求める.

④ $J,\ D$ を用いた運動方程式は,

$$J\ddot{\theta}_m + D\dot{\theta}_m = u_m \tag{6·4 c}$$

で与えられ,ラプラス変換は,

$$s^2 J\theta_m + s D\theta_m = u_m \tag{6·4 d}$$

であった.上式の両辺に 3 次のローパスフィルタ（3 重根）を掛けると,

$$\frac{s^2 J\theta_m}{(1+Ts)^3} + \frac{s D\theta_m}{(1+Ts)^3} = \frac{u_m}{(1+Ts)^3} \tag{6·4 e}$$

となり,次式のように書き直しておく.

$$Ja + Dv = u \tag{6·4 f}$$

ここで,a, v, u は,フィルタ処理された加速度,速度,駆動入力データである.未知パラメータ $J,\ D$ を意識して式を変形すると,

$$[a \quad v][J \quad D]^T = u \tag{6·4 g}$$

となる.つまり,$a,\ v,\ u$ の組が最低 2 つあれば,式（6·4 g）に最小 2 乗法を適用することによって $J,\ D$ が求められる[5].この方法を用いる利点として,ステップでない任意の駆動入力を与えたときのデータが使えるということがあげられる.若干のフィルタ処理は必要になるが,$a,\ v,\ u$ のデータの組が（多数）あればよい.

2. クーロン摩擦がある場合

次式で示すように,クーロン摩擦力は θ の方向で符号が決まり,振幅 f での一定の摩擦力である.

$$J\ddot{\theta}_m + D\dot{\theta}_m + f\cdot\mathrm{sgn}(\dot{\theta}_m) = u_m \tag{6·4 h}$$

まず,J と D を同定して速度制御ループを設計・実装し,可能な限り低い一定の速度で動作させる.このとき,慣性力と粘性摩擦力はほとんど 0 であるから,所要トルク u_m が f の値を示している（平均化処理をして求める）.次に,従来のステップ応答法において,所要トルク u_m から f の値を差し引いた値を用いて J と D を同定しなおせばよい.

6·5 速度 FF-I-P 制御は**図解**-7 のようになり,次式で表される.

$$u_m = K_{FV}\cdot e + \frac{K_{IV}}{s}(e - \dot{\theta}_m) - K_{PV}\dot{\theta}_m \tag{6·5 a}$$

同様に,PI 制御は**図解**-8 のようになり,次式で表される.

$$\left.\begin{aligned} u_m &= \frac{K_{IV}}{s}(e - \dot{\theta}_m) + K_{PV}(e - \dot{\theta}_m) \\ &= K_{PV}\cdot e + \frac{K_{IV}}{s}(e - \dot{\theta}_m) - K_{PV}\dot{\theta}_m \end{aligned}\right\} \tag{6·5 b}$$

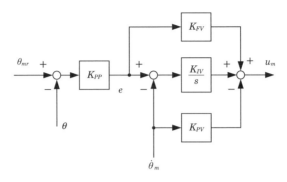

◈ **図 解**-7 FF-I-P 制御 ◈

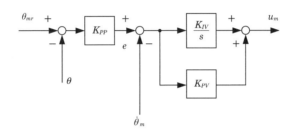

◈ **図 解**-8 PI 制御 ◈

式（6・5 a）で $K_{FV} = K_{PV}$ とすれば，両式は一致する．このように速度 FF-I-P 制御は一般的な形であり，$K_{FV} = 0$ とすると I-P 制御となり，$K_{FV} = K_{PV}$ とすると PI 制御となる．したがって，I-P 制御で K_{FV} を最大（$= K_{PV}$）としたものが PI 制御といえる．

6・6 本文で説明したフィードフォワードは剛体モデル（2 次モデル）を用いているので，関節剛性を考えた 4 次モデルとのミスマッチが起こり，振動を励起することがある．解決法の 1 つは，フィードフォワードに 4 次モデルを使うことである．それには，θ の 4 回微分できる軌道が必要である．そこで，3 次，2 次，1 次の時間多項式による S 字加減速を 2 次拡張して，5 次，4 次，3 次，2 次，1 次の時間多項式を接続したものにする．そして，4 次モデルを用いて θ の 4〜1 回微分によるフィードフォワードを行えばよい．しかし，4 次モデルを同定する必要があり面倒である．簡単には，フィードフォワードは 2 次モデルのままで，S 字加減速を拡張した軌道だけを使えば，振動の励起は緩和される．

6・7 式（6・48），（6・49）から，

$$\left(1 - \frac{1}{1 + T_d s}\right) u_m = \bar{u}_m - \frac{\hat{J}s}{1 + T_d s}\dot{\theta}_m$$

$$= \hat{J}\left(\frac{\bar{u}_m}{\hat{J}} - \frac{s}{1 + T_d s}\dot{\theta}_m\right) \tag{6・7 a}$$

$$u_m = \frac{\hat{J}(1 + T_d s)}{T_d s}\left(\frac{\bar{u}_m}{\hat{J}} - \frac{s}{1 + T_d s}\dot{\theta}_m\right)$$

$$= \left(\hat{J} + \frac{\hat{J}/T_d}{s}\right)\left(\frac{\bar{u}_m}{\hat{J}} - \frac{s}{1 + T_d s}\dot{\theta}_m\right) \tag{6・7 b}$$

として PI 制御則を導出し，加速度目標値 $\ddot{\theta}_{mr}$ と加速度推定値 $\hat{\ddot{\theta}}_m$ を，

$$\ddot{\theta}_{mr} = \frac{\bar{u}_m}{\hat{J}}$$

$$\hat{\ddot{\theta}}_m = \frac{s}{1 + T_d s}\dot{\theta}_m \tag{6・7 c}$$

のように定義してブロック図にすれば，図 6・21 が得られる．

6・8 式（6・57）で $K_{TV} = 0.5K_{PV}$ と設定したときに，速度制御系での比例フィードバック分 u_v をまとめると，

$$u_v = -K_{PV}\dot{\theta}_m - 0.5K_{PV}(n\hat{\dot{\theta}}_a - \hat{\dot{\theta}}_m) \tag{6・8 a}$$

$$= -K_{PV}(\dot{\theta}_m - 0.5\hat{\dot{\theta}}_m) - 0.5K_{PV}n\hat{\dot{\theta}}_a \tag{6・8 b}$$

$$\fallingdotseq -K_{PV}(0.5\dot{\theta}_m + 0.5n\hat{\dot{\theta}}_a) \tag{6・8 c}$$

となる．ただし，式（6・8 c）は，オブザーバの推定値 $\hat{\dot{\theta}}_m$ が実測値 $\dot{\theta}_m$ に追従していると仮定した近似である．このとき，モータ角速度とアーム角速度のフィードバックゲインがそれぞれ $0.5K_{PV}$ でバランスした構成の速度制御系になっていることがわかる．定性的には，K_{TV} を $0.5K_{PV}$ より大きくすると，モータ角速度より（構造上の積分器の存在によって）位相が遅れているアーム角速度のフィードバックによって速度制御系が不安定な方向に行き，K_{TV} が $0.5K_{PV}$ より小さいと安定にはなるが，振動抑制制御の効果が小さくなってくる，ということになる．

トライアル 7

7・1 簡単に xy 平面で考えてみよう．まず，座標系 O-xy 上の点 $P_0(x_0, y_0)$ を点 O を中心に θ だけ回転した点を $P_1(x_1, y_1)$ とすると，P_0，P_1 は r と A を使って次のように表せる（**図解-9**）．

$$\left.\begin{array}{l} x_0 = r\cos A \\ y_0 = r\sin A \end{array}\right\} \tag{7・1 a}$$

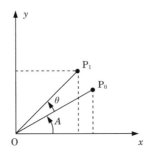

◆ **図 解-9** ◆

$$x_1 = r\cos(A+\theta) = r\cos A\cos\theta - r\sin A\sin\theta$$
$$y_1 = r\sin(A+\theta) = r\sin A\cos\theta + r\cos A\sin\theta$$
$$\tag{7·1 b}$$

式 (7·1 b) に式 (7·1 a) を代入して,

$$x_1 = x_0\cos\theta - y_0\sin\theta$$
$$y_1 = x_0\sin\theta + y_0\cos\theta$$
$$\tag{7·1 c}$$

したがって,

$$\begin{bmatrix} x_1 \\ y_1 \end{bmatrix} = \begin{bmatrix} \cos\theta & -\sin\theta \\ \sin\theta & \cos\theta \end{bmatrix}\begin{bmatrix} x_0 \\ y_0 \end{bmatrix} \tag{7·1 d}$$

となる. これは 3 次元的に考えると, z 軸回りに θ だけ回転したことと同じである.

$$\begin{bmatrix} x_1 \\ y_1 \\ z_1 \end{bmatrix} = \begin{bmatrix} \cos\theta & -\sin\theta & 0 \\ \sin\theta & \cos\theta & 0 \\ 0 & 0 & 1 \end{bmatrix}\begin{bmatrix} x_0 \\ y_0 \\ z_0 \end{bmatrix} \tag{7·1 e}$$

結局, z 軸回りの回転変換は次式のように求まる.

$$\boldsymbol{R}_z = \boldsymbol{R}(z,\theta) = \begin{bmatrix} \cos\theta & -\sin\theta & 0 \\ \sin\theta & \cos\theta & 0 \\ 0 & 0 & 1 \end{bmatrix} \tag{7·1 f}$$

$\boldsymbol{R}_x$, $\boldsymbol{R}_y$ についても同様に求められる.

7·2 順番に変換行列を掛けていけばよい.

$$\boldsymbol{RPY} = \begin{bmatrix} C_\phi & -S_\phi & 0 \\ S_\phi & C_\phi & 0 \\ 0 & 0 & 1 \end{bmatrix}\begin{bmatrix} C_\theta & 0 & S_\theta \\ 0 & 1 & 0 \\ -S_\theta & 0 & C_\theta \end{bmatrix}\begin{bmatrix} 1 & 0 & 0 \\ 0 & C_\psi & -S_\psi \\ 0 & S_\psi & C_\psi \end{bmatrix}$$

$$= \begin{bmatrix} C_\phi C_\theta & -S_\phi & C_\phi S_\theta \\ S_\phi C_\theta & C_\phi & S_\phi S_\theta \\ -S_\theta & 0 & C_\theta \end{bmatrix}\begin{bmatrix} 1 & 0 & 0 \\ 0 & C_\psi & -S_\psi \\ 0 & S_\psi & C_\psi \end{bmatrix}$$

$$= \begin{bmatrix} C_\phi C_\theta & -S_\phi C_\psi + C_\phi S_\theta S_\psi & S_\phi S_\psi + C_\phi S_\theta C_\psi \\ S_\phi C_\theta & C_\phi C_\psi + S_\phi S_\theta S_\psi & -C_\phi S_\psi + S_\phi S_\theta C_\psi \\ -S_\theta & C_\theta S_\psi & C_\theta C_\psi \end{bmatrix}$$

7.3 式（7.16）で回転角を $-\theta$ とすれば，逆変換を表す単位クォータニオンは q_0，$-q_1$，$-q_2$，$-q_3$ で与えられる．これらを回転行列の式（7.18）に代入すると，

$$\begin{bmatrix} 2(q_0{}^2 + q_1{}^2) - 1 & 2(q_1 q_2 + q_0 q_3) & 2(q_1 q_3 - q_0 q_2) \\ 2(q_1 q_2 - q_0 q_3) & 2(q_0{}^2 + q_2{}^2) - 1 & 2(q_2 q_3 + q_0 q_1) \\ 2(q_1 q_3 + q_0 q_2) & 2(q_2 q_3 - q_0 q_1) & 2(q_0{}^2 + q_3{}^2) - 1 \end{bmatrix} = \boldsymbol{R}^T = \boldsymbol{R}^{-1}$$

となるので，確かに回転行列の逆変換が導かれている．

7.4 式（7.23）と（7.26）より ${}^R\boldsymbol{T}_E$ を求める．

$${}^R\boldsymbol{T}_0 = \begin{bmatrix} 1 & 0 & 0 & 0 \\ 0 & 1 & 0 & 0 \\ 0 & 0 & 1 & l_a \\ 0 & 0 & 0 & 1 \end{bmatrix}, \qquad {}^n\boldsymbol{T}_E = \begin{bmatrix} 1 & 0 & 0 & 0 \\ 0 & 1 & 0 & 0 \\ 0 & 0 & 1 & l_g \\ 0 & 0 & 0 & 1 \end{bmatrix}$$

$${}^R\boldsymbol{T}_E = \begin{bmatrix} R_{11} & R_{12} & R_{13} & p_x + R_{13} l_g \\ R_{21} & R_{22} & R_{23} & p_y + R_{23} l_g \\ R_{31} & R_{32} & R_{33} & p_z + l_a + R_{33} l_g \\ 0 & 0 & 0 & 1 \end{bmatrix}$$

$$r_1 = p_x + R_{13} l_g$$
$$r_2 = p_y + R_{23} l_g$$
$$r_3 = p_z + l_a + R_{33} l_g$$
$$r_4 = \operatorname{atan2}(R_{23}, R_{13})$$
$$r_5 = \operatorname{atan2}(\sqrt{R_{13}{}^2 + R_{23}{}^2}, R_{33})$$
$$r_6 = \operatorname{atan2}(R_{32}, -R_{31}) \qquad (R_{13}{}^2 + R_{23}{}^2 \neq 0 \text{ のとき})$$
$$\quad = \operatorname{atan2}(R_{21}, R_{22}) - R_{33} r_4 \qquad (R_{13}{}^2 + R_{23}{}^2 = 0 \text{ のとき})$$

なお，$\boldsymbol{q} = \boldsymbol{q}_a$ のとき

$$R_{11} = 0, \quad R_{12} = 0, \quad R_{13} = 1$$
$$R_{21} = -1, \quad R_{22} = 0, \quad R_{23} = 0$$
$$R_{31} = 0, \quad R_{32} = -1, \quad R_{33} = 0$$
$$p_x = (l_c + l_e + l_f)/\sqrt{2}$$
$$p_y = l_b$$
$$p_z = (l_c + l_e - l_f)/\sqrt{2}$$

したがって，

$$r = \left[\, (l_c + l_e + l_f)/\sqrt{2} + l_g \quad l_b \quad (l_c + l_e - l_f)/\sqrt{2} + l_a \quad 0° \quad 90° \quad -90° \,\right]^T$$

となる.

7・5 7-2節のリンクパラメータの説明に従って求めればよい.まず,関節の回転軸を Z 軸,関節間の距離方向を X 軸にとると,この関節配置のロボットアームは図 7・11 のようになる.

ここで,Z_1 軸と Z_0 軸は一致しているので,$a_0 = 0$,$\alpha_0 = 0°$,$d_1 = 0$,Z 軸が回転軸なので,θ_1 となる.

次に,X_0 軸,X_1 軸,X_2 軸は一致しており,Z_2 軸は Z_1 軸が X_1 軸回りに $-90°$ 回転したものであるので,$a_1 = 0$,$\alpha_1 = -90°$,$d_2 = 0$,Z 軸が回転軸なので,θ_2 となる.

最後に,X_3 軸,Z_3 軸は X_2 軸,Z_2 軸が X 軸方向に l_a 平行移動したものなので,$a_2 = l_a$,$\alpha_2 = 0°$,$d_3 = 0$,Z 軸が回転軸なので,θ_3 となる.以上より,表 7・2 のようにパラメータが求められる.

7・6 式 (7・55) より,$\boldsymbol{\tau} = \boldsymbol{J}^T \boldsymbol{f}$,$\boldsymbol{J}$ は式 (7・43) を用いて,

$$
\begin{bmatrix} \tau_1 \\ \tau_2 \end{bmatrix} = \begin{bmatrix} -l_1 S_1 - l_2 S_{12} & -l_2 S_{12} \\ l_1 C_1 + l_2 C_{12} & l_2 C_{12} \end{bmatrix}^T \begin{bmatrix} f_x \\ f_y \end{bmatrix}
$$

$$
= \begin{bmatrix} -l_1 S_1 - l_2 S_{12} & l_1 C_1 + l_2 C_{12} \\ -l_2 S_{12} & l_2 C_{12} \end{bmatrix} \begin{bmatrix} f_x \\ f_y \end{bmatrix} \tag{7・6 a}
$$

$f_y = 0$ であるから,

$$
\left. \begin{aligned} \tau_1 &= -(l_1 S_1 + l_2 S_{12}) f_x \\ \tau_2 &= -l_2 S_{12} f_x \end{aligned} \right\} \tag{7・6 b}
$$

となる.ここで,$\theta_1 = 90°$,$\theta_2 = 0°$ とすると,

$$
\left. \begin{aligned} \tau_1 &= -(l_1 + l_2) f_x \\ \tau_2 &= -l_2 f_x \end{aligned} \right\} \tag{7・6 c}
$$

となり,明らかに正しいことがわかる.

トライアル 8

8・1 アームのダイナミクスを表す式 (8・27) にアクチュエータのダイナミクスを加えてみよう.ただし,次のような仮定を設ける.

- 減速比 n は十分大きい.
- 制御ゲインも十分大きくできる.

式 (8・27) は粘性摩擦の項を考慮して次式で表す.

$$\boldsymbol{\tau} = \boldsymbol{M} \ddot{\boldsymbol{\theta}}_m + \boldsymbol{h}(\boldsymbol{\theta}_m, \dot{\boldsymbol{\theta}}_m) + \boldsymbol{D} \dot{\boldsymbol{\theta}}_m + \boldsymbol{g} \tag{8・1 a}$$

ここで，先の仮定によると各項は次のように近似できる．

$$h = \begin{bmatrix} h_{111} & h_{112} \\ h_{121} & h_{122} \end{bmatrix} \begin{bmatrix} \dot{\theta}_1{}^2 \\ \dot{\theta}_2{}^2 \end{bmatrix} + \begin{bmatrix} h_{211} & h_{212} \\ h_{221} & h_{222} \end{bmatrix} \begin{bmatrix} \dot{\theta}_2\dot{\theta}_1 \\ \dot{\theta}_1\dot{\theta}_2 \end{bmatrix} \doteq \begin{bmatrix} 0 \\ 0 \end{bmatrix} \tag{8・1 b}$$

$$M = \begin{bmatrix} I_{11} + n^2 J_{m1} & I_{12} \\ I_{21} & I_{22} + n^2 J_{m2} \end{bmatrix} \doteq \begin{bmatrix} n^2 J_{m1} & 0 \\ 0 & n^2 J_{m2} \end{bmatrix} \tag{8・1 c}$$

$$D = \begin{bmatrix} D_{11} + n^2 D_{m1} & D_{12} \\ D_{21} & D_{22} + n^2 D_{m2} \end{bmatrix} \doteq \begin{bmatrix} n^2 D_{m1} & 0 \\ 0 & n^2 D_{m2} \end{bmatrix} \tag{8・1 d}$$

この系に対して，以下の位置制御系の制御則式（6・31）を適用する．

$$u_m = \frac{K_{IV}}{s}\left[K_{PP}(\theta_{mr} - \theta_m) - \dot{\theta}_m\right] - K_{PV}\dot{\theta}_m \tag{8・1 e}$$

結局，次式のような運動方程式が得られる．

$$M\ddot{\theta}_m + \left(D + K_{PV} + \frac{K_{IV}}{s}\right)\dot{\theta}_m + \left(g + \frac{K_{IV}K_{PP}}{s}\theta_m\right) = \frac{K_{IV}K_{PP}}{s}\theta_{mr} \tag{8・1 f}$$

ここで，各係数は対角行列とみなせるので，他軸からの干渉の影響など非線形項が無視でき，各関節ごとに独立な運動方程式が得られる．したがって，関節ごとの制御でもロボットアームの制御が可能となるのである．

8・2 運動エネルギー K に，慣性モーメントによる回転の運動エネルギーを考慮する必要がある．計算方法は同じであるので確認してほしい．

$$\left.\begin{array}{l} K_1 = \dfrac{1}{2}m_1 l_1{}^2 \dot{\theta}_1{}^2 + \dfrac{1}{2}I_1{}^2 \dot{\theta}_1{}^2 \\[2mm] P_1 = m_1 g l_1 S_1 \end{array}\right\} \tag{8・2 a}$$

$$\left.\begin{array}{l} K_2 = \dfrac{1}{2}m_2 v_2{}^2 + \dfrac{1}{2}I_2{}^2 (\dot{\theta}_1 + \dot{\theta}_2)^2 \\[2mm] P_2 = m_2 g(l_1 S_1 + l_2 S_{12}) \end{array}\right\} \tag{8・2 b}$$

これから $L = K_1 + K_2 - P_1 - P_2$ を求め，同様に運動方程式を求めると，

$$\left.\begin{array}{l} \tau_1 = I_{11}\ddot{\theta}_1 + I_{12}\ddot{\theta}_2 + h_{112}\dot{\theta}_2{}^2 + 2h_{211}\dot{\theta}_1\dot{\theta}_2 + g_1 \\[2mm] \tau_2 = I_{21}\ddot{\theta}_1 + I_{22}\ddot{\theta}_2 + h_{121}\dot{\theta}_1{}^2 + g_2 \end{array}\right\} \tag{8・2 c}$$

ただし，

$$\left.\begin{array}{l} I_{11} = (m_1 + m_2)l_1{}^2 + m_2 l_2{}^2 + I_1 + I_2 + 2m_2 l_1 l_2 C_2 \equiv \alpha + 2\gamma C_2 \\[2mm] I_{22} = m_2 l_2{}^2 + I_2 \equiv \beta \\[2mm] I_{12} = I_{21} = m_2 l_2{}^2 + I_2 + m_2 l_1 l_2 C_2 \equiv \beta + \gamma C_2 \\[2mm] h_{112} = h_{211} = -h_{121} = -m_2 l_1 l_2 S_2 \equiv -\gamma S_2 \\[2mm] g_1 = (m_1 + m_2)g l_1 C_1 + m_2 g l_2 C_{12} \equiv \varepsilon C_1 + \varphi C_{12} \\[2mm] g_2 = m_2 g l_2 C_{12} \equiv \varphi C_{12} \end{array}\right\} \tag{8・2 d}$$

であり，$\alpha, \beta, \gamma, \varepsilon, \varphi$ は，基底パラメータである．式（8・2 d）を式（8・28）と比較すると，運動方程式に I_1, I_2 が入っても，基底パラメータに関しては同じ形をしていることがわかる．さらに，各質量の重心位置が各リンクの長手方向にオフセットしていても同じ形になる．ただし，各リンクの長手方向とは直角にオフセットしている場合，C_1, C_2, C_{12} のような cos 成分だけでなく，sin 成分が現れるので，同定すべき基底パラメータの数も増加することを確認しておこう．

8・3　垂直多関節ロボットアームの運動方程式には重力項があるため，静止時には，各関節のばね定数にしたがって，重力方向にたわむことになる．そのため，モータ角での位置目標値で計算したアーム先端の位置は実際とは異なるという短所がある．このたわみ量は，原理的には紹介した状態オブザーバで推定可能ではあるが微小な値なので，精度を出すことは難しい．実際には，視覚センサによってアーム先端の位置を計測する必要がある．その場合でも，ばね定数を考慮したアーム角の目標値に基づくフィードフォワードの実装は複雑であり，特に軸ねじれトルクに対する粘性摩擦係数 D_g まで補償するのは困難であることが知られている．

8・4　簡単のため図 8・20 でフィードフォワードなしの場合を考える．コンプライアンス選択行列 $\boldsymbol{S}$ は x 成分だけ値を持たせる．x 方向は力指令値 $\boldsymbol{f}_r$ とロボットが接触する環境から受ける力 $\boldsymbol{f}$ との差から変位指令 $\Delta \boldsymbol{x}_r$ を生成し，環境面を与える $\boldsymbol{x}_r$ に加えた目標値（$\boldsymbol{x}_r + \Delta \boldsymbol{x}_r$）で位置制御されることになる．環境面と力センサのダイナミクスがばね $\boldsymbol{K}_e$ とダンパ $\boldsymbol{D}_e$ で構成されると仮定すると，力 $\boldsymbol{f}$ の発生メカニズムは環境面の変位 $\Delta \boldsymbol{x}$ を用いて，

$$\boldsymbol{f} = (\boldsymbol{K}_e + \boldsymbol{D}_e s) \Delta \boldsymbol{x} \tag{8・4 a}$$

のようにモデル化できる．式（8・4 a）を図 8・20 に反映させると**図解-10** のようにまとめられる．ここで，インピーダンスモデル（$m_r s^2 + d_r s$）$^{-1}$，$k_r = 0$ とする．

図中の破線部分 $\Delta \boldsymbol{x}_r \to \Delta \boldsymbol{x}$ の位置制御は十分な応答速度を達成していると仮定し伝達関数を 1 とおくと，$\boldsymbol{f}_{x_r} \to \boldsymbol{f}_x$ の閉ループ伝達関数 G_f は 1 形サーボ系となり次式で表せる．

$$G_f(s) = \frac{D_e s + K_e}{m_r s^2 + (d_r + D_e) s + K_e} \tag{8・4 b}$$

また，**図解-11** は，ばね-マス-ダンパモデルで図示したものである．インピーダンスモデルの m_r と d_r を調整することによって，力制御系の安定化を図ることができる．

8・5　**力制御**には直接的に力を制御量として扱うものと，力を計測するが位置を制御することで間接的に力制御するものとがある．前者は力センサの計測値やモータ

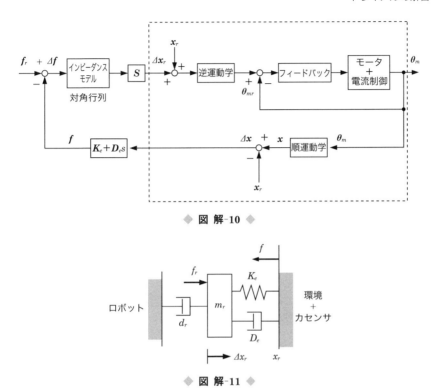

◆ **図 解-10** ◆

◆ **図 解-11** ◆

電流値からフィードバック系を構成するが，力を直接制御する方式は制御的にも取扱いが難しい．インピーダンス制御で説明したように，位置制御の目標値を力センサの値で修正する方法が安定で実用的である．インピーダンスモデルは質量 M，粘性摩擦係数 D，ばね定数 K からなり，$M = D = 0$ のとき**スティフネス制御**，$M = K = 0$ のとき**ダンピング制御**という[6]．

8・6 穴にピンを挿入する作業をあげる．まず，穴の上方にピンを位置決めしておく．次に，並進方向について，ピンの挿入方向は式（8・39）を用いた力目標値を設定したインピーダンス制御，左右方向は力目標値0のインピーダンス制御とする．姿勢方向については，3方向とも，モーメント目標値0のインピーダンス制御とするが，その際，姿勢の中心（コンプライアンスセンター）の座標をピンの先に設定すると，穴にならいながらピンがスムースに前進する．ピンが穴の底に達すると，設定した力目標値で釣り合ってピン挿入が終了する．

　また，**図解-12** に示すグラインダ作業も同様である．進行方向には位置制御が，押付け方向には力制御が必要である．人と握手するのにも力制御は必要で，相手

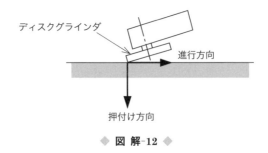

ディスクグラインダ

進行方向

押付け方向

◆ **図 解**-12 ◆

の力に応じて柔らかくロボットアームを動かすことが可能である．ほとんどの作業が相手と接触を伴うものであり，力制御を応用すべき作業は大変多い．

8・7 ここでは2つ挙げておく．1つは，ロボットアームの任意の場所の衝突検知に使える，ということである（ただし，比較的低速な動作時）．もう1つは，ロボットアームを直接操作して動作教示を行うダイレクトティーチングに使える，ということである．他にも考えられただろうか．

トライアル 9

9・1 **仮想環境**は理想的な条件でモデル化され，作成された CG である．したがって，実際の環境や対象物とは完全に同じではない．モデル時の誤差があったり，その後，仕様が変わり形も変わっている場合もある．例えば，プラグをコンセントに差し込もうとしても，そこには差込口がないことになる．仮想環境でロボットのティーチングを行っても，実際と位置がずれていることは必ずあるだろう．塗装ロボットのオフライン教示を行っても，CG の中ではタンクの塗装ができても，実物の置かれている位置がずれていると，まったくずれて塗装してしまうことになる．このようなことを避けるために，仮想環境と実際の環境との位置ずれの補正を行うこと（**キャリブレーション**）が重要である．

9・2 地上から軌道上のロボットを遠隔で操縦すると通信時間遅れがある．すなわち，指令して動くまでに約3秒かかり，その映像が見られるのにさらに3秒かかる．すなわち，指令したことにより動いた結果が見られるまでに6秒かかることになる．この間にロボットが何かにぶつかると相手を壊してしまうことになる．また，位置決めをするのに，動かして，その結果を見て，さらに修正してという操作をすることになるが，このような操作は非常に効率が悪い(move-and-wait 動作)．そこで，指令を与えたら仮想画面上で仮想のロボットアームが指令位置で動くはずの位置を予測表示することで，作業者は位置決めが容易になる．

この場合も仮想環境と実際の環境が精度良く一致している必要がある．通常はマーカーなどを計測してずれ量を補正し，仮想環境を修正している．実際に，ETS-VIIのロボットアームの遠隔操作では，このようなことが行われた．

9・3 **工場**では技能者（熟練工）不足が予測されている．技能者の技能を取り込んだロボットにより熟練工不足が解消されるだろう．**福祉介護**の分野では人手不足であり，しかも介護は大変な重労働である．介護者の代わりに安全でやさしいロボットアームがあれば介護者の負担は減り，会話を楽しんだりすることができるだろう．**医療**の分野では微細作業用ロボットにより，名医しかできない外科手術が可能になり，多くの患者のQOL（生活の質）が高められるだろう．ロボットの応用分野は本当にたくさんある．

9・4 マイクロサージェリーといわれている手術は，1mm程度の血管や神経などを縫合せる手術である．このような手術は顕微鏡下で行われ，大変神経を使う作業である．また，細かい作業には手元が震えてしまう．しかし，ロボットアームを用いることができれば安定に微細な作業が可能であり，名人でしかできなかった手術も可能となる．そのほかの手術に対してもロボットアームは位置決め精度が高いので，切開部は最小限度でできる，傷口もきれいで接合性も高いであろう．さらに，感染の防止もできる．一方，技術的には安全性，信頼性が最大の課題である．

トライアル 10

10・1 ペットロボットはこれまでの仕事をするロボットとは概念的に異なり，話相手や遊び相手になるようなロボットである．そのためには相手とのインタラクション（やり取り）が重要である．こちらの問いかけに応じてくれたり，会話ができたり，相手を見つけて顔を向けたり，まるで生きているかのような動作ができなければ次第に飽きられてしまうだろう．その意味では，学習していく，成長していくなどの要素が重要である．おもちゃでも言葉を覚えていくものもあるし，図10・4のロボットでは，しぐさが工夫されているだけでなく，小形CCDカメラによりボールを見つけて追いかけていくこともできる．高齢者の気分を癒すロボットもあり，この場合は体調の様子などもモニタできるようになっている．これらのロボットは新しい分野として期待されている．

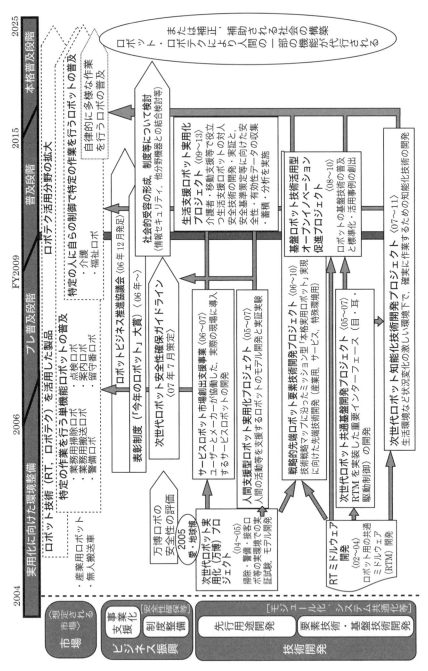

◆ 図解-13 経済産業省ロボットロードマップ ◆

10·2 予測の前提条件が大事である．特に生活分野への応用が大きく期待されているが，この場合，家事をロボット作業に置き換えた時の期待値として算定している．それに見合うロボットの開発が進んでいないことが原因であるが，ロボットの開発が進めば実現性は高まる．この他にも，ロボットの範囲を広げた市場調査もある[7]．

10·3 経済産業省のロードマップを参考にみると傾向はわかる．**図解-13** はロードマップであるが，産業用ロボットが普及したように，まずは環境の構造化，インフラの整備，その次は，非構造化の環境へ応用が進むと考えられている．これに合わせて，制度や規制についても議論が進む．学界においては，アカデミック・ロードマップなども作成された．動向を知るには，このような資料を見てみると全体の方向性がわかる．また，図は 2004 年以降であるが，それ以前にも，国家プロジェクトとして，極限作業ロボットプロジェクト，マイクロマシンプロジェクト，人間協調・共存ロボットプロジェクトなどがあり，現在の技術の基礎が築きあげられた．これらも調べてみることを勧める．さらに，日本経済再生本部「ロボット新戦略」（2015 年 2 月）や経済産業省「ロボットによる社会変革推進会議 報告書」（2019 年 7 月）も参考とすると良い．

10·4 ロボットの用語の定義，意味，規格を各国で統一できると，共通で使えるようになる．例えば計測したロボットの位置の表現の仕方が異なると，組み合わせてもうまく動かないことになる．人のそばで動くロボットの速度や衝突時の力にガイドラインがあると，それを参考に設計すればよいことになる．もちろん，それに合わせて国内では JIS 規格がある．サービスロボットに関する国際標準化はまさにこれからである．

参考文献

1章

1) 精密工学会 編：メカトロニクス，オーム社（1989）

2) 吉川弘之 監修：ロボット・ルネサンス，三田出版会（1994）

3) 川﨑晴久：ロボット工学の基礎，森北出版（1991），第2版（2012）

4) 経済産業省：次世代ロボット政策研究会報告書（2006）

5) 特許庁：平成18年度特許出願技術動向調査報告書（2007）

6) 特集Ⅰ：宇宙ロボティクス―ETS-VII運用評価，東芝レビュー，Vol.54，No.6（1999）

7) 特集：宇宙ロボット，日本ロボット学会誌，Vol.14，No.7（1996）

8) 久保田孝：火星探査機「Mars Pathfinder」，日本ロボット学会誌，Vol.15，No.7，pp.986-992（1997）

9) 川口淳一郎，國中均：小惑星探査機「はやぶさ」の帰還，日本航空宇宙学会誌，第59巻 第694号，pp.329-334（2011）

10) 仁尾理：サービスロボット"ヘルプメイト"のスーパーバイザリーコントロールシステム，日本ロボット学会誌，Vol.12，No.6，pp.815（1994）

11) 丸山佳長，仁尾理，山田弘道，善浦英治，川井文明：配電作業ロボットの開発，ロボット，No.80，pp.78-89（1991）

12) 日本ロボット工業会，我が国のロボット産業（産業用ロボット）―統計，メーカ等の状況―（2019）

13) 内閣府：平成30年版高齢社会白書

14) 特集：リハビリ・介護とメカトロニクス，日本機械学会誌，Vol.119，No.1166（2016）

15) 特集：医療・福祉・コミュニケーションロボット，ロボット，No.236（2017）

16) 辰野恭市：人とビーチボールを打つロボット，電気学会誌，118巻1号，pp.17-20（1998）

17) 世界ロボット市場実績（2008 年）と予測（2009〜2012 年），ロボット，No.192，pp.89-90（2010）

18) IFR forecast：1.7 million new robots to transform the world's factories by 2020
https://ifr.org/downloads/press/English_Press_Release_IFR_World_Robotics_Report_2017-09-27.pdf

2 章

1) 有本卓：ロボットの力学と制御，朝倉書店（1990），新版（2002）

2) 岡潔，多田栄介，伊藤彰，田口浩，小川正，木村盛一郎，佐々木奈美，瀧口祐司：冷却配管用遠隔保守ツールの開発，第 14 回日本ロボット学会学術講演会予稿集，pp.239-240（1996）

3) 横井一仁：人間協調・共存型ロボットシステム研究開発の概要，第 16 回日本ロボット学会学術講演会予稿集，pp.31-32（1998）

4) 梶田秀司：ヒューマノイドロボット，オーム社（2005）

5) John J. Craig：Introduction to Robotics, Mechanics and Control；三浦宏文，下山勲 訳：ロボティクス—機構・力学・制御—，共立出版（1991），4th Edition, Pearson（2018）

6) Kuniji Asano, Masao Obama, Yoshiaki Arimura, Mitsunori Kondo, Yutaka Hitomi, Multijoint Inspection Robot, IEEE Transaction on Industrial Electronics, Vol.IE-30, No.3, pp.277-281（1983）

7) 加藤一郎，大照完，白井克彦，成田誠之助：鍵盤楽器演奏ロボット "WABOT-2"，日本ロボット学会誌，Vol.3，No.4，pp.337-338（1985）

8) 広瀬茂男，有川敬輔：普及型歩行ロボット TITAN-Ⅷの開発，ロボティクス・メカトロニクス講演会 '96 論文集，pp.275-278（1996）

3 章

1) 横河電機(株)：ダイレクトドライブモータカタログ

2) (株)ハーモニック・ドライブ・システムズ：総合カタログ

3 ）　住友重機械工業(株)：精密制御用サイクロ減速機カタログ

4 ）　ナブテスコ(株)：精密減速機カタログ

5 ）　加茂精工(株)：ボール減速機カタログ

6 ）　小原歯車工業(株)：歯車技術資料（PDF 版）

7 ）　THK(株)：ボールリテーナ入り精密ボールねじカタログ

8 ）　鈴森康一，堀光平，宮川豊美，古賀章浩：マイクロロボットのためのアク
チュエータ技術，コロナ社（1998）

9 ）　川島教嗣，丸茂斉，本田登志雄：宇宙用機器とトライボロジー，東芝レビ
ュー，44 巻 11 号，pp.856-858（1989）

10)　John J.Craig：Introduction to Robotics, Mechanics and Control；三浦
宏文・下山勲 訳：ロボティクス—機構・力学・制御—，共立出版（1991），
4 th Edition, Pearson（2018）

11)　Adept Technology, Inc.：Adept SCARA ROBOTS

12)　Hideaki Hashimoto, Fumio Ozaki, Kuniji Asano, Koichi Osuka：
Developmentof a pingpong robot system using 7 degrees of freedom
direct drive arm, Proceedings of IECON'87, pp.608-615（1987）

13)　G. Hirzinger, N. Sporer, A. Albu-Schaffer, M.Hahnle, and A. Pascucci：
"DLR'storque-controlled light weight robot III-Are we reaching the
technologicallimits now?" in Proc.Int.Conf.Robotics Automation,
pp.1710-1716（2002）

4 章

1 ）　大熊繁 編：ロボット制御，オーム社（1998）

2 ）　ビー・エル・オートテック(株)：RCC デバイスカタログ

3 ）　山本欣市，柿倉正義：極限作業ロボット，工業調査会（1992）

4 ）　長谷川健介，増田良介：基礎ロボット工学—制御編—，昭晃堂（1994）

5 ）　(株)キーエンス：センサカタログ

6 ）　オムロン(株)：センサカタログ

7 ）　橋本英昭，小川秀樹，小浜政夫，梅田利也，古川高雄，辰野恭市：指先感

圧センサ付き多指ハンドの開発 (1)，第2回ロボットシンポジウム予稿集，pp.163-168（1992）

5章

1） 鈴森康一，堀光平，宮川豊美，古賀章浩：マイクロロボットのためのアクチュエータ技術，コロナ社（1998）

2） 大熊繁 編：ロボット制御，オーム社（1998）

3） システム制御情報学会 編，須田信英（著者代表）：PID制御，朝倉書店（1992）

6章

1） 中野道雄，美多勉：制御基礎理論，昭晃堂（1982），コロナ社（2014）

2） システム制御情報学会 編，須田信英（著者代表）：PID制御，朝倉書店（1992）

3） 大明準治，重政隆：剛性を考慮したスカラロボットの同定，第7回日本ロボット学会学術講演会予稿集，pp.663-664（1989）

4） 大明準治，足立修一：産業用ロボットのディジタルサーボチューニングシステム，日本ロボット学会誌，Vol.9，No.1，pp.55-64（1991）

5） 大明準治，足立修一：シリアル2リンク2慣性系の非干渉化同定と物理パラメータ推定，電気学会論文誌D，Vol.128，No.5，pp.669-677（2008）

6） 堀洋一，大西公平：応用制御工学，丸善（1998）

7） 島田明：モーションコントロール，オーム社（2004）

8） 杉本英彦，小山正人，玉井伸三：ACサーボシステムの理論と設計の実際，総合電子出版社（1990）

9） 大明準治，足立修一：設計レス非線形状態オブザーバに基づく弾性関節ロボットアームの振動抑制制御，電気学会論文誌D，Vol.135，No.5，pp.571-581（2015）

7章

1) 川﨑晴久：ロボティクス—モデリングと制御—，共立出版（2012）

2) 吉川恒夫：ロボット制御基礎論，コロナ社（1988）

3) 窪田八州洋：川崎ユニメート "PUMA" シリーズ，ロボット，33, pp.37-44（1981）

8章

1) 吉川恒夫：ロボット制御基礎論，コロナ社（1988）

2) 川﨑晴久：ロボティクス—モデリングと制御—，共立出版（2012）

3) 川﨑晴久：ロボット工学の基礎，森北出版（1991），第2版（2012）

4) 大須賀公一，川村貞夫，小野敏郎：マニピュレータの Inverse Kinematics について，計測自動制御学会第9回 Dynamical System Theory シンポジウム，pp.35-38（1986）

5) 計測自動制御学会編：ロボット制御の実際，コロナ社（1997）

6) Junji Oaki：Physical Parameter Estimation for Feedforward and Feedback Control of a Robot Arm with Elastic Joints, IFAC-PapersOnLine, Vol. 51, Issue 15, pp.425-430（2018）

7) 大明準治：弾性関節モデルフィードバックと剛体関節モデルフィードフォワードに基づく垂直多関節ロボットのモーションコントロール，第62回自動制御連合講演会講演論文集，J-STAGE（2019）

8) 大明準治，足立修一：シリアル2リンク2慣性系の非干渉化同定と物理パラメータ推定，電気学会論文誌 D，Vol.128, No.5, pp.669-677（2008）

9) 神野誠，吉見卓，阿部朗：遠隔グラインダ作業ロボットの研究，日本ロボット学会誌，Vol.10, No.2, pp.244-253（1992）

10) 大賀淳一郎，西原泰宣，大明準治：産業用ロボットアームの動力学モデルに基づいたセンサレス力制御，東芝レビュー，Vol.66, No.5, pp.38-41（2011）

9章

1） 辰野恭市：人とビーチボールを打つロボット，電気学会誌，118巻1号，pp.17-20（1998）

2） 松日楽信人，朝倉誠，番場弘行：異構造マスタスレーブマニピュレータにおけるマルチ操作モードとその作業性，日本ロボット学会誌，Vol.13，No.6，pp.860-865（1995）

3） ミニ特集：テレロボティクスからネットワークロボティクスへ，日本ロボット学会誌，Vol.17，No.4（1999）

4） Transatlantic robot-assisted telesurgery，Nature，Vol.413，27，pp.379-380（2001）

5） 計測自動制御学会 編：ロボット制御の実際，コロナ社（1997）

6） 神野誠：直径3mmの極細径ロボット鉗子，日本機械学会誌，pp.700-701，Vol.108，No.1042（2005）

7） 松日楽信人，朝倉誠，四宮康雄，町田和雄，谷江和雄，秋田健三：ETS-7高性能ハンドにおける遠隔ワイヤ操作実験：宇宙実験結果，ロボティクス・メカトロニクス'99講演論文集，1A1-06-048（1999）

10章

1） 松日楽信人，小川秀樹：先端技術をリードするホームロボットの開発動向，東芝レビュー，Vol.59，No.9，pp.2-8（2004）

2） 松日楽信人：テレロボティクスから学ぶロボットシステム，講談社（2017）

3） 例えば，ロボット技術の動向を次の文献から，その変化を眺めてみると大変興味深いと思う．
東芝レビュー，Vol.56，No.9（2001），Vol.59，No.9（2004），Vol.60，No.7（2005），Vol.64，No.1（2009）．

4） 佐藤知正，松日楽信人，大山英明：次世代ロボット共通プラットフォーム技術，計測自動制御学会誌，Vol.44，No.12，pp.996-1005（2008）

5） 土井美和子，萩田紀博，小林正啓：ネットワークロボット―技術と法的問題―，オーム社（2007）

6) 日本ロボット工業会：21世紀におけるロボット社会創造のための技術戦略調査報告書（2001）

トライアルの解答

1) 科学技術振興機構：電子情報通信分野科学技術・研究開発の国際比較2009年版（2009）

2) 広瀬茂男，竹内裕喜：ローラウォーカ，新しい脚―車輪ハイブリッド移動体の提案，日本機械学会誌（C編），62-599，pp.242-248（1996）

3) ダイレクトドライブ全自動洗濯機，東芝レビュー，pp.72-73，Vol.55，No.4（2000）

4) 堀洋一，大西公平：応用制御工学，丸善（1998）

5) 大明準治，足立修一：ロボットアームの周波数応答と物理パラメータの同時同定法，計測自動制御学会論文集，Vol.26-12，pp.1461-1463（1990）

6) 計測自動制御学会編：ロボット制御の実際，コロナ社（1997）

7) 松日楽信人：ロボット総合市場調査2005，ロボット，No.183，pp.18-21（2008）

次に読むべき本

　ロボティクスに関する本は沢山あるので，とても著者がカバーできるものではないが，手元にある 2001 年以降に出版された中から選んでみた．偏っていることはお許しいただくとして，これらを参考に，読者が興味を持てる分野を探索していただければ幸いである．

1. 和書
・内山勝，中村仁彦：ロボットモーション，岩波講座ロボット学2，岩波書店（2004）

　　必読書である．本書は，ロボットの運動をいかに生成するかということに加え，その運動によりタスクをいかに実現するか，また，その知能はどのようにかかわってくるかということを丁寧に論じている．ロボットモーションの基礎となる剛体の空間運動については，本書を読むだけで相当に理解が進むだろう．

・高野政晴：詳説 ロボットの運動学，オーム社（2004）

　　著者の研究成果を中心に据えながら，ロボットアームだけでなく，多指ハンドや移動機構まで詳しく述べている．ロボットの黎明期を含めた 20 世紀の研究動向が俯瞰できる．ロボットアームの逆運動学や最短時間制御，STS（State-to-state motion）制御，誤差解析など，著者のこだわりが随所にうかがえる．

・川﨑晴久：ロボットハンドマニピュレーション，共立出版（2009）

　　ロボットハンドを用いたマニピュレーションに関する貴重な和書である．多指ハンドの運動学や動力学，安定論，適応制御，ハプティックインタフェースにいたるまで，コンパクトにまとめられている．この本に限らず，川﨑先生の著作は，どれも例題や演習が豊富でわかりやすく，おすすめである．

・太田順，倉林大輔，新井民夫：知能ロボット入門―動作計画問題の解法―，コロナ社（2001）

　サブタイトルの方のロボットの動作計画[†]を体系的に論じた唯一の和書である．動作計画とは，スタートからゴールまで障害物回避をしながら移動させるための 2 次元（または 3 次元）経路と時間軌道を生成する方法論であり，センサや CPU の発展とともに，近年のモバイルやマニピュレーションにおける研究の中心になっている．

・中野栄二，小森谷清，米田完，高橋隆行：高知能移動ロボティクス，講談社（2004）

　車輪移動や脚移動，その混合形態である脚車輪移動ロボットの機構とモデリング，制御について詳しく述べており，これも他に和書は見当たらない．2 次元面で任意の方向への並進速度と回転速度を発生することができる全方向移動ロボットについて，多くのページが割かれているのが特徴である．

・松日楽信人：テレロボティクスから学ぶロボットシステム，講談社（2017）

　著者の専門分野である遠隔操作ロボットは多様な応用分野があり，その構成要素と，複数の開発例のロボットシステムがわかりやすく解説されている．本書と合わせると効果的に要素技術とロボットシステムを理解できる．

・友納正裕：SLAM 入門―ロボットの自己位置推定と地図構築の技術―，オーム社（2018）

　センサや CPU の発展もあり，この 20 年で著しく進展した SLAM の原理をソースコードレベルで解説した待望の和書である．既に ROS には，世界中の英知を集めた Navigation パッケージが存在するが，本書には，SLAM を原理から理解して，自力でプログラムを書けるようになって欲しいという意図が込められている．

---

† モーションプランニングの和訳であり，運動計画と言うより良いとは思うが，「今まさに」という，現在進行形のニュアンスが伝わらない感じを受ける．

2．洋書

・B. Siciliano, L. Sciavicco, L. Villani and G. Oriolo : Robotics : Modelling, Planning and Control, Springer（2010）

　旧版は，著者の多くの研究成果に基づいたロボットアームのモデリングと制御が詳述されており，実装レベルで頼りになる洋書であった．タイトルを変更した新版は，ビジュアルサーボイングやモバイルロボット，モーションプランニングが加えられ，現状のロボティクスにおける制御技術をほぼ網羅する教科書になっている．

・W. Khalil and E. Dombre：Modeling, Identification and Control of Robots, Kogan Page Science（2002）

　類書は無く欠かせない一冊である．著者の専門である，様々な形態のロボットアームのモデリングや動力学モデルのパラメータ同定，動力学モデル演算の高速化について詳述されている．これらは，Python 2.7 で実装された Open SYMORO（SYmbolic MOdeling of RObots）として公開されており，便利に使える．

・S. K. SAHA : Introduction to Robotics, 2e, Tata McGraw-Hill Education（2014）

　ロボット機構学の入門書である．著者はモデリング，ダイナミクスが専門で，MATLAB と合わせて半年の講義の内容となっている．英語であるがわかりやすく，英語での表現も学べる．

・P. Corke : Robotics, Vision and Control : Fundamental Algorithms in MATLAB, Second Edition, Springer（2017）

　広範なロボティクスの理論について解説し，全ての例題がMATLAB で試せるようになっているカラーの大著である．後半は，著者の専門であるビジュアルフィードバック/ビジュアルサーボイング制御に当てられており，画像処理の初歩から入っていける．ロボットの歴史を始めとして，数学者や科学者，ロ

ボット学者が多数紹介されていて楽しめる.

・K. M. Lynch and F. C. Park：Modern Robotics: Mechanics，Planning，and Control，Cambridge University Press（2017）

　筆頭著者には，Principles of Robot Motion（MIT Press，2005）というモーションプランニングを中心に据えた共著がある．本書は，さらにロボティクス全般を取り込み，教科書としての完成度を高めたものである．例題には，高シェアの Universal Robots 社のロボットアームが使われており，時代の流れを感じる．

3． ロボット公開授業の Web サイト

・https://see.stanford.edu/Course/CS223A

　ダイナミックかつインタラクティブなロボット制御の第一人者であるスタンフォード大学の Khatib 教授の講義が無料で視聴できる．講義資料もダウンロードできる．英語の勉強にもなるし，良い時代になったものである．Lecture 7 では，本書 9-1 で解説したビーチバレーロボットが動画で紹介されている．なお，Khatib 先生が Siciliano 先生と編纂したハンドブックも必読である．

　B.Siciliano and O.Khatib：Handbook of Robotics，Second Edition，Springer（2016）

4． その他，ハードウェア，ソフトウェア，ロボット全般に関する書

・米田完，坪内孝司，大隅久：はじめてのロボット創造設計，講談社（2001），改訂第 2 版（2013）

　米田完，大隅久，坪内孝司：ここが知りたいロボット創造設計，講談社（2005）

　坪内孝司，大隅久，米田完：これならできるロボット創造設計，講談社（2007）

　自らロボットを創造・設計できる実力をつけるために，理論と実践の両面から，わかりやすく書かれた異色の 3 部作である．今となっては，やや古くなった内容も含まれるが，これらの本で素養を身につけておけば，新しい理論やハードウェア，ソフトウェアなどを用いたシステム化に対応していけるだろう．

・天野英晴：FPGA の原理と構成，オーム社（2016）

　ロボットシステムのハードウェア設計において，進展が著しい FPGA を使いこなせれば大きな武器となる．内蔵する CPU コアなどの IP（Intellectual Property core）も高機能化・高性能化が著しい．いきなり HDL（Hardware Description Language）などのツールを使い始めるのではなく，まず，FPGA で何が出来るのかを本書で俯瞰するのも良い．

・N. Wiener：CYBERNETICS：or Control and Communication in the Animal and the Machine, MIT Press（1948），Second Edition（1961）

　ウィーナー：サイバネティクス —動物と機械における制御と通信—，岩波文庫，岩波書店（1956，1962，2011），

　いま流行の「サイバー○○」とは，ここが原点の先駆的な書．

・木村英紀：制御工学の考え方 —産業革命は「制御」からはじまった，ブルーバックス B-1396，講談社（2002）

　人工物を支配する法則として抽象的で論理的な制御工学を平易に語っており，ロボットの進化の話も含まれている．

・木村英紀：ものつくり敗戦—「匠の呪縛」が日本を衰退させる，日経プレミアムシリーズ 036，日本経済新聞社（2009）

　日本はシステム思考に弱いとの主張．本書は，ものつくりから「ことつくり」へ脱皮せよとの教えである．

・有本卓，関本昌紘："巧みさ" とロボットの力学，毎日コミュニケーションズ（2008）

　著者の高度な数学や科学の理論に関するバックグラウンドは真似できるものではないが，人間の何気ない日常動作について，仮説を立て検証していくような方法論を少しでも学びたいものである．

・広瀬茂男：ロボット創造学入門，岩波ジュニア新書 687，岩波書店（2011）
「ロボットは人間のような形をしている必要はない」と一貫して主張してきた著者の創造力の源泉を垣間見ることができる．

・鈴森康一：アクチュエータ工学入門―「動き」と「力」を生み出す驚異のメカニズム，ブルーバックス B-1873，講談社（2014）
アクチュエータに造詣の深い著者の熱い思いが伝わる．とても読みやすい．

・大須賀公一：知能はどこから生まれるのか？　ムカデロボットと探す「隠れた脳」，近代科学社（2018）
・細田耕：柔らかヒューマノイド―ロボットが知能の謎を解き明かす，DOJIN 選書 70，化学同人（2016）
ロボティクスの一流の研究者が，知能についてどのような知見を持っているのかを読み比べるのも興味深い．

ROS や Python などの OSS（Open Source Software）については，やはり，ネット上の情報を積極的に当たっていただきたい．好みの書籍も見つかるだろう．

索　引

〈著者略歴〉

松日楽信人（まつひら　のぶと）

1980 年	東京工業大学工学部機械物理工学科卒業
1982 年	同大学大学院理工学研究科修士課程（機械物理工学専攻）修了
1982 年	（株）東芝入社
1995 年~97 年	日本原子力研究所那珂研究所に出向．ITER EDA（国際熱核融合実験炉 工学設計活動）に参加．
2005 年~08 年	東京工業大学 21 世紀 COE 特任教授
2005 年~08 年	総合科学技術会議科学技術連携施策群次世代ロボット連携群
現　在	（株）東芝 研究開発センター技監を経て，2011 年 4 月より芝浦工業大学工学部機械機能工学科教授．人とロボットとの共存技術の研究に従事．博士（工学）．

大明準治（おおあき　じゅんじ）

1983 年	千葉大学工学部電気工学科卒業
1985 年	千葉大学大学院工学研究科修士課程（電気工学専攻）修了
1985 年	（株）東芝入社
2004 年~06 年	アドバンスド・マスク・インスペクション・テクノロジー（株）に出向．先端 LSI 用フォトマスク欠陥検査装置を担当．
1999 年~12 年	長岡技術科学大学（機械系）非常勤講師
2015 年	信州大学地域共同研究センター客員教授
現　在	（株）東芝 生産技術センターを経て，研究開発センター機械・システムラボラトリー．ロボットなどメカニカルシステムにおける同定と制御，コントローラの研究開発に従事．博士（工学）．

- 本書の内容に関する質問は，オーム社ホームページの「サポート」から，「お問合せ」の「書籍に関するお問合せ」をご参照いただくか，または書状にてオーム社編集局宛にお願いします．お受けできる質問は本書で紹介した内容に限らせていただきます．なお，電話での質問にはお答えできませんので，あらかじめご了承ください．
- 万一，落丁・乱丁の場合は，送料当社負担でお取替えいたします．当社販売課宛にお送りください．
- 本書の一部の複写複製を希望される場合は，本書扉裏を参照してください．

わかりやすい
ロボットシステム入門―メカニズムから制御，システムまで―（改訂 3 版）

1999 年 11 月 25 日	第 1 版第 1 刷発行
2010 年 7 月 15 日	改訂 2 版第 1 刷発行
2020 年 2 月 25 日	改訂 3 版第 1 刷発行
2020 年 11 月 30 日	改訂 3 版第 2 刷発行

著　　者	松日楽信人
	大明準治
発 行 者	村上和夫
発 行 所	株式会社 オーム社
	郵便番号　101-8460
	東京都千代田区神田錦町 3-1
	電話　03(3233)0641(代表)
	URL https://www.ohmsha.co.jp/

© 松日楽信人・大明準治 2020

印刷　中央印刷　製本　協栄製本
ISBN978-4-274-22497-3　Printed in Japan

本書の感想募集 https://www.ohmsha.co.jp/kansou/

本書をお読みになった感想を上記サイトまでお寄せください．
お寄せいただいた方には，抽選でプレゼントを差し上げます．

関連書籍のご案内

二足歩行ロボットの製作を通じてロボット工学の基本がわかる！

はじめての
ロボット工学 第2版
―製作を通じて学ぶ基礎と応用―

石黒 浩・浅田 稔・大和 信夫 共著
B5判・216頁・定価（本体2400円【税別】）

【主要目次】

メカトロニクスを概観できる定番教科書。充実の改訂2版！

ロボット・メカトロニクス教科書
メカトロニクス概論 改訂2版

古田 勝久 編著
A5判・248頁・定価（本体2500円【税別】）

【主要目次】

安全性を組込みソフトウェアの設計に盛り込む方法を，基礎から二足歩行ロボットによる実践まで具体的に解説！

組込みソフトの安全設計
―基礎から二足歩行ロボットによる実践まで―

杉山 肇 著
B5変形判・248頁・定価（本体3200円【税別】）

【主要目次】

システム制御で用いられる数学とその基礎を徹底的に学べる，新時代の教科書！

ロボット・メカトロニクス教科書
システム制御入門

畠山 省四朗・野中 謙一郎・釜道 紀浩 共著
A5判・248頁・定価（本体2700円【税別】）

【主要目次】

もっと詳しい情報をお届けできます。
◎書店に商品がない場合または直接ご注文の場合も右記宛にご連絡ください。

ホームページ **https://www.ohmsha.co.jp/**
TEL／FAX TEL.03-3233-0643 FAX.03-3233-3440